中共
情報組織
與 間諜活動

翁衍慶——著

目次

導讀

中國共產黨建黨之初，就自認是一個秘密組織，將黨的活動稱為「秘密工作」。周恩來被中共譽為「我黨隱蔽戰線的主要創始人與卓越領導者」，他曾說：「有了黨，就有黨的情報保衛工作」。中共情報機構至今仍自詡：「中國共產黨的隱蔽戰線工作伴隨著黨的誕生而誕生，伴隨著黨的勝利而勝利」。所謂「隱蔽戰線」就是中共對情報工作的稱呼。

國共鬥爭數十年，中共數度瀕臨滅亡，都依賴特務活動，成功打進國民黨和國軍擔任機要祕書的特務，蒐獲情治單位搜捕和國軍剿共計劃等情報，得以及時將中共中央迅速轉移，脫離險境，倖免被破壞或被殲滅。

一九二七年十月中共在上海成立「中央特科」，派遣共諜錢壯飛打進國民黨中央擔任「調查科」主任的機要秘書。他因偷譯須主任「親譯」的電文，得知「中央特科」負責人顧順章在武漢被捕反正情報，緊急通報周恩來。上海中共中央於一日之間全面轉移，致「調查科」搜捕時，已是人去樓空。周恩來在中共建政後承認如果沒有錢壯飛，中共的歷史將被改寫。

國軍對盤踞贛南的共軍進行第五次圍剿前，中共派遣特務潘文郁，打進張學良身邊擔任機要秘書，蒐集國軍情報。一九三四年十月，共軍長竄前，潘文郁將國軍剿共軍事行動等機密原件，密報中共中央，共軍因而能夠及時擺脫國軍圍剿險境。

一九三五年中共竄抵陝北，蔣介石成立「西北剿共總司令部」兼任總司令，實際由副總司令張學良負責剿共任務，並由西北軍楊虎城配合圍剿。中共透過「統戰策反」手段，先與楊虎城建立秘密合作關係。再利用俘虜之東北軍團長高福源向張學良轉達中共願與東北軍「聯合抗日」意見。一九三六年四月周恩來與張學良達成「雙方停戰、通商」等協議。

這時共軍兵力僅剩兩萬餘人，張學良則擁有十五倍於中共的兵力，若張有心剿共，輕易可殲滅中共，國共歷史勢將徹底改寫。但張、楊二人受到周恩來蠱惑操控，不忍剿共，反而供應中共糧械，以大事小，終於導致一九三六年十二月「西安事變」，中共再次免於滅亡危機，並趁國共第二次合作和抗戰之機，發展壯大。

抗戰八年，胡宗南將軍屯軍西北。中共於一九三七年派遣共諜熊向暉打入胡宗南部，擔任胡的侍從副官兼機要秘書。一九四三年「共產國際」解散，蔣委員長密令胡宗南預定於七月九日閃擊延安。當時中共在延安兵力只有保安團和警衛團各一，無力抵抗。毛澤東在獲得熊向暉的情報後，緊急指示朱德於七月四日致電胡宗南籲勿輕起戰端，並大肆向國內外宣揚，攻擊行動被迫取消。

抗戰勝利後，一九四七年三月初，胡宗南告知熊向暉要打延安，並將《攻略延安方案》等機密文件交其處理。熊向暉連夜抄謄將進攻延安軍事行動計劃報告中共。毛澤東迅即將中共中央撤出延安，避免了被剿滅。毛澤東說：「熊向暉，一人可頂幾個師」。

中共自國軍黃埔建軍，即開始派遣秘密黨員滲透國軍，到抗戰勝利後，部分共諜已竄升為高級將領，位居要津，或握有兵權，不但蒐集國軍軍事部署和作戰計劃提供中共，甚至誤導蔣介石的戰略指導。共軍正因情報靈通，能夠避實擊虛，擊潰國軍。中共屢次指示擔任國軍師級以上職位之特務，於陣前叛變倒戈，致使國軍在無數戰鬥（尤其是三大戰役）中，數十萬擁有精良裝備的部隊被共軍殲滅，導致國軍兵敗如山倒，國府被迫退據臺灣一隅。如：黃埔一期的李默庵（三十二集團軍司令，一九四八年叛變）、廖運澤（騎兵軍長，一九四九年叛變）；五期的廖運周（一一〇師師長，一九四八年叛變）、陳孟熙（中共元帥陳毅胞兄，一九四九年叛變）。

中共為了在抗戰勝利後奪取政權，成功策反了三位重要國軍將領：

（一）**郭汝槐**。他擔任國防部三廳（作戰）廳長，是黃埔學生中對國府傷害最大的國軍叛將。一九四八年十月，郭汝槐將「徐蚌會戰」（淮海戰役）作戰計劃，在下達前線國軍前，先給了中共。他並影響蔣介石放棄堅守蚌埠，改在徐州外圍作戰，致使國軍被共軍分割圍殲。一九四九年郭汝槐出任二十二兵團司令，保衛四川。十二月，郭汝槐率部叛變，徹底破壞了國府固守大西南的計劃。中共稱：「（郭汝槐）對解放戰爭的勝利有著難以估量的作用」。媒體評論郭汝槐「為國府運籌帷幄之中，讓中共決勝千里之外」。

（二）**劉斐**。桂系軍人，受知於蔣介石，曾出任作戰次長等要職，趁機將他直接參與計劃的國共三大戰役等國軍軍事佈署，和作戰計劃秘密提供中共。共軍因而在三大戰役中完全掌握國軍行動，瓦解了擁有精良武器的國軍。毛澤東說：「我們能夠解放全國，劉斐同志是曾經立下了大大的功勞的」，「把國民黨所有的軍事作戰計劃，通通供給了我們，我們才能按原定計劃把國民黨打垮」。

（三）**韓練成**。一九四七年一月率整編第四十六師北上山東參與「萊蕪戰役」，他照中共指示脫離指揮所藏匿，頓使全師陷入群龍無首之混亂局面，打亂李仙洲兵團的作戰計畫，導致全線動搖。共軍抓住戰機，迅速擊潰李兵團。「萊蕪戰役」後，韓練成潛返南京，欺騙蔣介石說係「喬裝逃出」，仍獲准參與軍事機要。五月共軍根據韓練成的情報，切斷張靈甫將軍的整編七十四師與周邊部隊的聯繫，張部進占孟良崮山頭。韓又誤導蔣介石下令七十四師堅守待援，共軍即以優勢兵力，全殲七十四師，張靈甫將軍殉職，即著名「孟良崮戰役」。毛澤東對韓練成說：

「蔣委員長身邊有你們這些人，我這個小小的指揮部不僅指揮解放軍，也調動得了國民黨的百萬大軍」。

另外一個重要案例，就是女特務沈安娜，於一九三五年由中共指使打入浙江省政府，受到省主席朱家驊的賞識。抗戰軍興，朱家驊升任國民黨秘書長，沈安娜隨著進入中央黨部，同時擔任中常會、國府，和最高軍事會議之機要速記員。一九四六年十一月間，蔣委員長召開兩次最高軍事會議，討論進攻共區的軍事部署，會後沈安娜將其速記，連夜送交中共。共軍因而能夠「根據敵人兵力部署、進犯順序作相應的兵力調動」。沈女潛伏國民黨長達十四年，身分未曾暴露，被中共稱為「按住蔣介石脈搏的人」。

一九四九年七月，共軍勢如破竹。毛澤東提出：「我們必須準備進攻臺灣的條件，除陸軍外主要靠內應」。他所謂「內應」力量，即「中國共產黨臺灣省工作委員會」。「省工委」書記蔡孝乾是唯一參加過二萬五千里「長征」的臺籍共產黨員，也是臺籍最高階的中共中央幹部。一九四六年八月，被中共派遣來臺成立臺灣「省工委」，並陸續在全省各地成立支部，秘密發行《光明報》。國府「保密局」於一九四九年八月，先破獲「省工委」的《光明報》社和「基隆市支部」。一九五〇年一月，蔡孝乾被捕投誠後，續破獲「省工委」在三義、大湖、三灣、竹子坑一帶山區游擊武裝據點。殘餘力量也只維持到一九五二年四月被破獲。中共「省工委」在臺灣的組織和武裝力量，至此全部瓦解。

吳石是中共潛伏國軍內奸，時任中將作戰參謀次長。一九四九年十月，中共「華東局」派女特務朱諶之（化名朱楓）來臺，與吳石取得秘密聯繫，並負責將吳石提供的軍事情報資料轉交蔡孝乾運用。一九五〇年初，吳石安排朱女攜帶臺灣軍事部署等重要情報，乘坐空軍專機前往當時仍在政府控制下的浙江定海（舟山群島），計劃乘船潛返上海。

蔡孝乾供出吳石和朱諶之二人共諜身分。

「保密局」指示駐定海負責人沈之岳逮捕朱諶之，押解回臺。朱女到案後全盤招供，吳石也承認其共諜身分。因國府「保密局」及時偵破這兩起共諜案，是臺灣安全獲得確保重要因素之一。

文革前「情報局」蒐獲中共國家主席劉少奇預定於一九六三年五月訪問柬埔寨的情報，策劃在柬埔寨首都金邊執行制裁行動，並派張霈芝赴金邊負責行動之部署（湘江計畫）。張霈芝選定從金邊國際機場到市區之公路上，以挖掘地道埋設炸藥的方式，準備在劉少奇軍隊經過時，引爆炸藥，炸毀人車。但不幸被柬政府偵知，逮捕了張霈芝和行動人員。張霈芝等共七人被判死刑，直到一九七〇年因柬埔寨政變獲釋歸國。據張霈芝將軍回憶：「湘江計畫若能實現，劉少奇固然當場身亡，但至少不會在文革時受到死無葬身之地的羞辱。甚至根本就不會有文革，數以千萬計的炎黃子孫生命也不致犧牲。施亞努若當時身亡，日後柬埔寨決不致政變，即不會有赤柬的大屠殺。」

從以上國共情報工作實例，證實只要有少數的情報人員的冒險犯難，蒐集重大情報或者行動，往往可以決定一個政治團體（如中共）或國家（中華民國）的生死存亡，勝過千軍萬馬，不容小覷。

文革時，中共對臺滲透工作，一度陷於癱瘓，但在毛澤東死亡和鄧小平復出後，對臺工作已全面恢復。特別是，中共趁國府解嚴和兩岸開放交流後，臺灣反共心防嚴重鬆懈之時機，更趨積極加強對臺之間諜活動。媒體迭有報導，中共特務機關對國府、國軍和情治單位的滲透，已變本加厲，顯然中共又想走奪取大陸政權的模式，完成臺灣的「統一」。

國人對中共的情報組織和間諜的活動，跟過去在大陸時期一樣，多乏認識，即使是政府機構所知也極為有限。因此，筆者經過數年收集中共解密和公開資訊，將中共特務機構演變，間諜工作實例，以及目前中共黨政軍情報機構組織，間諜活動等具體資料，編撰成書，以饗讀者。由於資料來源有限，錯誤難免，尚祈知者予以指正。

中共情報機關分成黨政軍三個部分，其中黨的「中聯部」和「統戰部」，在中共頒布的國安法規中未列入為情報機關，事實上它們的確是特務組織，故列在政軍情報機關之後介紹。現將中共現有情報組織和二〇一四年成立之「國家安全委員會」暨新頒國安法等簡介如次，讓讀者諸君先有一個概括瞭解，有助後續閱讀全書。

一、國務院間諜組織

（一）國家安全部

一九八三年七月一日，中共將黨的「中央調查部」和「公安部」一局（反間諜單位）合併成立「國家安全部」，下設十八個局（一至十七局和反恐局）。其中第四局（臺港澳情報局）：主管臺灣、香港、澳門地區情報工作，對外常用「中科院港澳臺辦」名義；社科院「臺研所」為「國安部」的局級單位，專責臺灣情報的蒐集與分析，是中共目前最權威也最有影響力的對臺智庫。

「國安部」第三任部長許永耀上任後曾向中共中央報告：他到任前認為「國安部」作為國家最核心的情報偵察機關，一定很有成績。但實際很多工作沒有開展，或者是大打折扣，偵察工作，已經萎縮。他說：「國安部」在美國有五百家公司企業，每家公司都是情報站，卻不能掌握海外的情況。因大多是照顧高幹子弟出國，或是以營利為主的公司，只有少數單位認真從事情報工作，而且長年經費不足。中共內部消息亦透露，「國安部」的腐敗在各黨政機關中最嚴重。

中共全國「政協」前主席俞正聲的哥哥俞強聲，原任「國安部」北美情報司司長，一九八五年叛逃美國，致使潛伏在「中央情報局」內三十多年的中共老特務金无怠被捕。中共公開否認與金无怠有任何關係：「中國政府從來沒有向美國和任何其他國家派遣過任何間諜。也不認識這位自稱是中國間諜的金无怠先生。」金无怠於一九八六年二月，在獄中以塑膠袋套頭窒息自殺。其遺孀質疑是北京殺人滅口。

一九八九年北京爆發「天安門民主運動」，中共在「六四血腥鎮壓」民運後，中共內部文件指責臺灣當局積極插手「六四民運」：「自從北京等地出現動亂後，臺灣（指軍情局）便指示其潛伏於大陸的特務份子加緊活動，並向大陸大量派遣特務，直接插手動亂和後來的反革命暴亂。」

「美色利誘」是「國安部」特工重要手段。現任「國安部」對臺特科處長李佩琪，曾成功色誘國府參謀本部情報次長室駐泰武官羅賢哲上校。羅賢哲因性好漁色，中共派遣李佩琪赴泰執行色誘任務，於二〇〇四年成功吸收羅賢哲為共諜。二〇〇五年羅賢哲調臺，多次利用赴美公幹機會，交付李女情報。羅賢哲後於二〇〇八年晉升少將，二〇一一被國府偵破。

（二）公安部一局

「公安部」內最重要的單位為「國內安全保衛局」（國保），又稱「公安一局」。一九八三年中共將該局精英幹部撥交「國安部」後，保留下來的「公安一局」只剩下「老弱殘兵」，長期處於無所作為的窘境。但歷經一九八九年「六四事件」、一九九七和九九年的「港澳回歸」等重大事件後，「公安一局」重新展現了調查和鎮壓實力，逆向發展為一支勢力龐大的秘密警察力量，與「國安部」併列為中共兩大政務情報系統。

「公安一局」為利工作掩護，對外使用「公安部臺港澳事務辦公室」名義，局長對外稱「主任」。二〇一四年香港發生的「雨傘革命」、「佔中運動」，和「港獨運動」等一系列事件後，「公安部」於二〇一六年派「國保」前局長李江舟出任駐港「中聯辦警聯部」部長，顯示中共對香港「維穩滅獨」事務的高度重視。李江舟曾在二〇一六年四、五月兩次負責與國府談判境外電信詐騙集團臺籍罪犯遣送事宜。

「國安部」自一九八三年成立後，「國安」與「公安」的明爭暗鬥就已存在。國安、公安兩大部門名義上各有分工，但實際上兩部工作重疊嚴重。習近平對「公安」和「國安」兩大系統的惡鬥，深具戒心，因而對兩部人事陸續進行了撤換清理。

二、中央軍委間諜組織

中共軍事情報系統在習近平實施「軍改」以前，主要為「總參」二部（情報部）、三部（技術偵察部），和「總政」聯絡部。習近平曾在軍隊高層會議上批評「總參」二、三兩部「實時情報嚴重不足」，「看不見、辨不清，水下預警空白」。「人家（指美軍）眼觀六路，耳聽八方，我們又聾又瞎，兩眼一抹黑，怎麼打仗啊！」

二〇一六年一月，中共進行「深化國防和軍隊改革」，重組軍委總部和七大軍區。「總參情報部」改為「聯合參謀部情報局」，「技術偵察部」（三部）、「電子雷達對抗部」（四部）撥拼成立「戰略支援部隊」，成為共軍新軍種主力之一。「總政聯絡部」改為「政治工作部聯絡局」。

（一）聯合參謀部情報局

中共各情報機構都偏愛在境內吸收赴陸的臺胞、華僑或外籍人士擔任間諜。過去「總參二部」為策反國軍幹部擔任內線，通常是先吸收赴大陸經商、娶妻或旅遊的退伍軍人，指示回臺發展組織。以前空軍中校袁曉風共諜案為例，中共先招募赴陸經商的退伍軍人陳文仁為間諜，派遣回臺以利誘吸收還在服役的同學袁曉風擔任內線。陳文仁因企圖再吸收另二名軍官，被檢舉偵破。

「總參二部」對旅居國外華裔科學家，亦列為重點吸收對象。美國「動力典型公司」華裔工程師麥大志於一九八三年赴大陸時被「總參二部」吸收為特務，他利用服務公司標得美國海軍多項工程，能夠進出「高安管制」軍事單位機會，竊取美國海軍軍艦軍事敏感技術資料，秘密提供中共。

中共因潛艦噪音大，而且認為武力犯臺，美國海軍第七艦隊將是主要障礙，必須能在海域裡辨識美軍潛艦聲音特色，以利攻擊。二〇〇二年，美國震驚發現中共的潛艦已經採用類似美軍潛艦的靜音技術。二〇〇六年十月，中共一艘潛艦在太平洋長途跟蹤美國小鷹號航母戰鬥群，始終未被美軍發現，直到自行浮出水面時，距離美軍航母只有五英里，小鷹號已在中共潛艦的魚雷和導彈的射程之內。麥大志在被捕後認罪，他對美國之傷害，被視為是一九八五年破獲之前蘇聯間諜華爾克將美國海軍通訊密碼交給莫斯科以來最嚴重的間諜案。

「聯參情報局」有一支三五〇〇人編制的「特種部隊」，對外稱為「外軍模擬部隊」，實際上是一支對敵進行突擊、滲透、破壞或暗殺等行動的部隊，目前部署在「東南戰區」。

（二）戰略支援軍網路空間作戰部隊

中共新軍種「戰略支援部隊」，外界鮮少知悉其內涵，但從其臂章圖案判斷包括有網路攻防、電子對抗、衛星管理等方面功能。包含四個獨立的兵種，（一）網軍（網路戰部隊）：由原「總參三部」（技術偵察部）撥編成立，稱為「戰略支援軍網路空間作戰部隊」，簡稱「戰支三部」；（二）天軍（軍事航天部隊）：負責偵察、導航衛星；（三）電子戰部隊：負責作戰指管通情、欺敵以及干擾雷達和通信系統；（四）心戰部隊。

「戰支三部」總部設在北京海淀區，下轄十二個局組織，其中第二局（即六一三九八、六一四八六部隊，駐上海市）主要目標為美國國務院和國防部；第六局（駐武漢市），專門負責臺灣的技術情報蒐集和研析，來源包括對臺灣島嶼的衛星和高空偵照、電訊截聽，以及從臺灣國際長途電話、傳真、行動電話、網路數據截收情資。中共在監聽臺灣電話的設備中，預置關鍵辭彙，當設備感應到這些辭彙時，立即警示監聽人員監聽。「六局」有部分單位以研究中心和通訊實驗室名義為掩護隱藏在武漢大學內。另在福建省至少部署三個以上巨型訊號情報監聽站，專門監聽臺灣無線電訊號。

美國麥迪安網絡安全公司於二〇一三年二月證實共軍駭客組織設於上海浦東大同路邊一棟白色的十二層建築內的共軍六一三九八部隊，亦即「總參三部第二局」。據「維基解密」揭露：「二局」利用「魚叉式捕魚」攻擊程式，通過電子郵件引誘收件人點擊郵件，即將惡意軟件安裝在目標之計算機上。再通過這些計算機，潛入內部系統，竊取情報。

「三部」也透過海外華人駭客入侵所在國家網路竊密。旅居加拿大的華裔商人蘇斌（譯音）即被「總參三部」召募，從二〇〇八年起非法侵入美國波音等國防工業承包商的電腦，竊取敏感的軍事科技情報，包括為美軍生產的C-17戰略運輸機和戰鬥機等機密資料。

（三）政治工作部聯絡局

前身「總政聯絡部」所屬「調查局」主要負責外軍和臺灣政治情報蒐集；上海分局則以臺灣國軍為主要工作目標。「聯絡部」將國軍上校以上軍官資料均建立電腦檔，包括學經歷，和所能獲得的個人生活資訊。政治部「聯絡局」對外工作的掩護機構有「中國國際友好聯絡會」（友聯會），「中華文化發展促進會」（文促會）。

曾擔任「聯絡部」部長，有兩人較為外界熟悉：

（一）**楊斯德**。兼中共中央「對臺辦」主任。一九八六年五月，「華航」一架貨機被機長劫機飛抵廣州，即由楊斯德到香港與國府代表談判，首次突破了國府堅持的「三不」政策。一九八八年四月，楊斯德與「政協」常委賈亦斌透過僑港國學大師南懷瑾向國府轉達北京希望通過和平談判解決國家統一問題。一九九〇年十二月底，李登輝派辦公室主任蘇志成與楊斯德首度在香港會面。次年二月，蘇、楊在港達成停止軍事對峙、停止一切敵對行動、停止一切危害兩岸關係和統一的言論行動之「三停止」共識。一九九二年六月，中共海協會會長汪道涵與楊斯德參與會談，確定首次辜汪會談日期。八月後，兩岸的秘密管道無疾而終。總計蘇、楊等人在港會面，多達四十餘次。

（二）**葉選寧**。中共已故元老葉劍英的次子，一九九〇年出任「總政聯絡部」部長，兼任該部掩護機構暨營利企業之「凱利集團」總裁，曾多次赴臺訪問。「總政聯絡部」還有一個核心重要任務是監視、監控中共黨、政、軍各領域的高級官員，因此葉選寧又被稱為「錦衣衛指揮使」。葉選寧最倚重的對臺研究智囊為辛旗，亦為現任「聯絡局」局長。

辛旗，一九九四年，曾來臺在政治大學擔任訪問學者三個月，走遍臺灣各縣市和金門。一九九五年，因李登輝訪美，兩岸關係陷入低潮，辛旗參與多份對臺文件的起草工作，係中共對臺政策的主要智囊之一。自二千年起，辛旗數度陪同「人大」副委員長許嘉璐訪臺，與臺灣政治人物多有接觸。二〇〇五年參與中共《反分裂國家法》的起草及制定。

三、中共中央間諜組織

（一）對外聯絡部

「中聯部」打著對外聯絡之名，從事情報活動，被稱為「黨的情報機構」，特別是對於一些不便以國家名義打交道的外國政黨，中共就以「中聯部」名義暗中聯繫。在毛澤東時代，「中聯部」負責支持各國共產黨進行暴力革命，是東南亞國家共產武裝叛亂的總後台，因此惡名昭彰。

「中聯部」工作對象原僅包括各國的共產黨，和左翼政黨。一九八二年九月，中共制定與各國共產黨聯繫的四項原則為：「獨立自主、完全平等、互相尊重、互不干涉內部事務」。一九八七年十月，再擴大為亦適用於與各國各類政黨之間的聯繫準則，打破了只與左派政黨交往的局限。目前「中聯部」已與世界一百六十多個國家四百多個政黨和政治組織建立了聯繫往來，其中多數為執政黨和參政黨。

北韓因發展核武和試射洲際飛彈，被聯合國協議制裁後，美國發現「中聯部」透過丹東「鴻祥實業」公司和負責人馬曉紅（女）將發展核武禁運之物質氧化鋁走私到北韓。二〇一六年九月，美國法庭以「密謀幫助朝鮮逃避制裁」的罪名起訴馬曉紅。在美國壓力下，中共不得不逮捕馬曉紅，成了代罪羔羊。

（二）統一戰線工作部

毛澤東說：「統戰工作是最大的工作」；習近平也說：「統一戰線無小事」，當知中共對統戰工作的重視。國共「內戰」期間不少國軍將領即被中共統戰策反倒戈，如張學良、楊虎城、傅作義等人。

「統戰部」的十項職責中，有三項涉及對臺灣統戰：第四項「負責開展以祖國統一為重點的海外統戰工作；做好臺胞、臺屬的有關工作」；第六項「聯繫港、澳、臺及海外工商社團和代表人士」；和第九項負責「代管全國臺聯、黃埔同學會、歐美同學會、和平統一促進會等有關社會團體的工作」。「統戰部」三局（港、澳、臺、海外工作局），即專責對港、澳、臺的統戰工作，包括臺胞赴大陸定居和臺屬工作安排等。

「統戰部」在海外統戰工作的對象主要是僑外華人，包括臺灣政商駐外人員、臺僑、臺生和相關團體等，尤其是有利用價值的海外華人，如策動海外科技人才回國或者利用海外華人為其蒐集情報。加拿大出版的《間諜之巢》一書中，就指控中共「統戰部」在海外從事政治宣傳、對中國留學生的控制、在華人群體（和外國人士）中招募情報人員和長期的隱蔽間諜活動等。

除「統戰部」外，中共對臺統戰還有一些部門負責對臺工作，如「國臺辦」、「海協會」等。在馬英九時期，兩岸交流密切，中共對臺統戰較專注於政、商上層階級。但二〇一四年的「太陽花學運」，驚醒中共當局，全面檢討對臺策略，提出「三中一青」（中小企業、中南部、中低收入、青年人）作為對臺統戰新策略，開始強化對臺灣基層、年輕人的統戰。二〇一六年臺灣政權再次輪替，中共中斷與民進黨政府的接觸，但加強了對於臺灣基層、民間的統戰。二〇一七年三月中共再次調整對臺政策為「一代一線」（即青年一代、基層一線）新統戰策略，取代原「三中一青」政策。顯示中共未來的對臺灣工作將向這兩大群體傾斜。

二〇一七年「十九大」會議上習近平說：「將逐步為臺灣同胞在大陸學習、創業、就業、生活提供與大陸同胞同等的待遇」。「國台辦」於二〇一八年二月公佈《關於促進兩岸經濟文化交流合作的若干措施》共三十一項惠臺政策，給予臺資企業與個人多種與大陸同等的優惠和待遇，其中若干措施是二〇一四年「太陽花運動」阻擾未通過的《服貿協議》內容。中共採取直接單邊立法與實施的「以我為主，兩岸融合」的策略，擴大「反獨」與「促統」。顯示中共對臺政策新思維，是繞過民進黨政府，直接面對臺灣民眾。並藉三十一項惠臺政策，給予臺灣民眾「準國民待遇」，削減兩岸人民之間的身份差別。

新一屆中共「中央對臺工作領導小組」，是該小組成立以來，最「知臺」「知美」的一屆。如組長習近平、副組長汪洋、統戰部長尤權都曾在福建或廣東主政，外交部長王毅做過五年「國臺辦」主任，熟悉對臺事務，屬於「知臺派」。汪洋也是目前中共「中美全面經濟戰略對話」負責人，政治局委員楊潔篪和王毅長期主掌中共外交工作，對中美臺三邊關係知之甚詳，屬於「知美派」。王毅則跨足兩派，故出任秘書長。

二〇一八年三月國務院公布《關於機構設置的通知》，將「國務院臺灣事務辦公室」（國臺辦）與「中共中央臺灣工作辦公室」（中臺辦）合併為「一個機構、兩塊牌子」，由劉結一擔任兩辦主任，同屬中共中央直屬機構。

四、成立國家安全委員會

二〇一二年三月十九日，北京曾爆發「三一九政變」事件，中共即不承認也不否認。《明鏡新聞》引述中共內部人士的話說：「周永康、令計劃、薄熙來、徐才厚『新四人幫』，是中共一九四九年建政以來真正的朋黨政變集團。習近平掀起的反貪運動，針對的對象就是這起政變案。『新四人幫』是因政變流產才會一一落馬，而令計劃是該集團密謀推出的『未來總書記』備位人選。中共不一定會將『新四人幫』的政變真相公布出來，而是會從刑事上去找死穴，其中貪腐是最容易找的，因為幾乎每個官員身上都能找到」。

習近平自上任後，為與江派鬥爭，即有整頓國安、公安和軍隊情報系統的「九龍治水」、「針插不進」的想法。習近平於二〇一四年一月正式設置「中央國家安全委員會」（國安委），由習近平任主席，以打破原有之國安體系權力架構，奪取國安權力。

「國安委」的定位是「中央關於國家安全工作的決策和議事協調機構」，「統籌協調涉及國家安全的重大事項和重要工作，統一領導公安部、國安部、解放軍總參二部三部、總政聯絡部、外交部、外宣辦等部門對外和對內的國家安全工作」。媒體認為中共「國安委」的權力大過美國政府的國安委。

二〇一七年十月習近平在接受記者訪問時說：「中國的腐敗，已經由發展型腐敗惡化為掠奪型腐敗和壟斷型腐敗」，「反腐當然是權力鬥爭。對手很多是權重一時，或權傾一方的官員，不同他們的權力鬥爭，不把他們的權力拿掉，他們能乖乖伏法嗎？」「我不擴點權、集點權，能同他們鬥嗎？」「有棵大樹兩臂都圍不過來。你能一下把它連根拔嗎？我不是超人。只能把根一根根砍斷，根全斷了，樹一推就倒了。」所以媒體說：「習近平掀起的反貪運動，針對的對象就是這起（三一九）政變案」。

五、頒布五種國安工作新法

中共自「十八大」後，涉及國家機密和安全方面的立法工作，通過計有：二〇一四年的《反間諜法》、二〇一五年的新《國家安全法》、《反恐怖主義法》、二〇一六年的《網路安全法》，以及二〇一七年的《國家情報法》。中共這種作法，打破以往情報工作只做不說慣例，一則在賦予其所謂「國家情報機構」更大「執法」權力，並將侵犯人權行為「合法化」；另則是警告世界各國情報機構，和威脅恐嚇現在境內，而來自境外之間諜，勿輕舉妄動。

《國安法》第四條規定：「堅持中國共產黨對國家安全工作的領導，建立集中統一，高效權威的國家安全領導體系」，確立了中共「以黨領情」堅持「一黨獨裁」的政治格局。

《國安法》第十一條：「維護國家主權、統一和領土完整，是包括港澳同胞和臺灣同胞在內的全中國人民共同義務」。該法雖然長達數千字，有關臺灣部分卻只有五十餘字，說明臺灣議題並不是《國安法》的重點，但將臺灣地位視同港澳之地方政權，完全忽視中華民國存在的事實。

《國家情報法》規定「中央國家安全領導機構對國家情報工作實行統一領導」、「中央軍事委員會統一領導和組織軍隊情報工作」（第三條），並界定「國家情報工作機構」為：「國家安全機關和公安機關情報機構、軍隊情報機構」（第五條）。《反間諜法》第一章規定「國家安全機關是反間諜工作的主管機關。公安、保密行政管理等其他有關部門和軍隊有關部門按照職責分工，密切配合」。所謂「國家安全機關」，是指「國安部」、「公安機關」指「公安部」（一局）、「軍隊有關部門」則指「聯參情報局」、「戰支三部」和「政治工作部聯絡局」。

此外《反間諜法》對「反間諜工作」適用的對象，規定為：「境外機構、組織、個人實施或者指使、資助他人實施的，或者境內組織、個人與境外機構、組織、個人相勾結實施的危害中華人民共和國國家安全的間諜行為，都必須受到法律追究。」但該法將「其他境外機構、組織、個人」竊取、刺探、收買「國家秘密或者情報」，納為「間諜行為」，具有很大模糊的爭議空間。將對工作涉及資訊蒐集、採訪的臺商和外商、學術單位和學者、媒體和記者等「機構、組織、個人」等，都有可能依據《反間諜法》被誣陷為「危害國家安全」的「間諜」而觸法。

臺港媒體常有報導：臺灣退休國軍官兵、公教人員，特別是離休情治人員，乃至包括眷屬和親友赴陸觀光、探親或經商，常被中共情報機關無緣無故強制約談（又稱「喝咖啡」）、逼問所知國府和國軍機密，甚至以威脅恐嚇和利誘等手段，強行吸收為中共從事對臺情報工作等諸多匪夷所思的情況，對兩岸關係「和平發展」已構成極大傷害，普遍引起國府有關單位和臺灣人民不滿。

尤其中共《國家情報法》的規定，執法者可據該法任意對入陸的臺灣人民，進行約詢、搜查，或祭以十五日以下之拘留，更不利兩岸關係之發展。而且，中共授予國安機關「得於境內外開展情報工作」，勢將加強對臺灣的滲透和情報活動，危及臺灣的安全。該法還規定：對與情報機構建立合作關係人員和「近親屬」人身安全受到威脅時，「應當採取必要措施，予以保護、營救」及「妥善安置」，則在鼓勵被迫吸收的我方退休軍、公、情人員，回臺後放膽為中共工作，出事中共也會營救。事實上從歷年來我方（包括各國）破獲的共諜案中，從未曾出現過中共予以「保護、營救」的情形，遑論「妥善安置」。

01 四一二國民黨清黨——蘇聯扶翼中共成立特務機構

一、中共中央特科　令人恐怖的特務和暗殺機關

一九二一年，中共尚在上海醞釀組黨期間已不容於北洋軍閥和各國租界殖民政府，自始就處於地下秘密活動狀態，即使在「共產國際」指導下，於當年七月二十三日在上海法租界召開建黨暨「一大」會議時，也只得以秘密方式舉行，而且未留下正式文字紀錄，只有與會的代表在事後個別的回憶錄中提到會議情形。因此，中共在壯大後一度把建黨日期定為七月一日，直到上世紀八十年代才考證確實，並更正建黨日期。

七月三十日晚上，中共「一大」繼續開會中途，突闖入一位陌生人，藉口找人無著後迅速離去。第三國際代表馬林（荷蘭人）有豐富地下工作經驗，當即要求停止會議，指示與會建黨代表（十三人）立刻散去。十分鐘後即有法巡捕房警探十餘人到達搜查，因會場已收拾乾淨，人也離開，查無所獲離去。七月三十一日，「一大」移至浙江嘉興，以僱用畫舫遊湖方式掩護在嘉興南湖繼續開會，並通過《中國共產黨第一個綱領》，正式建黨。

陳譚秋（中共「一大」建黨代表，後任駐莫斯科共產國際中共代表，一九四二年回國任中共駐新疆代表，被軍閥盛世才秘密逮捕處決）在回憶錄中曾提到「一大」會議由毛澤東和周佛海（即後來親日的汪精衛偽政權之財政部長，被國府以漢奸罪判處死刑，因抗戰後期已被「軍統」策反秘密參加敵後抗日工作，獲特赦減為無期徒刑，病死獄中）二人擔任紀錄，何以記錄未能保存下來，應與法租界巡捕搜查有關，為防止洩密

而予銷毀，只留下了《中國共產黨第一個綱領》文件。

中共「一大」通過的《綱領》規定：「在黨處於秘密狀態時，黨的重要主張和黨員身分應得保守秘密。」所以中共建黨初期，就將黨的活動稱為「秘密工作」。「綱領」還刻劃出黨的野心：「以無產階級革命軍隊推翻資產階級，由勞動階級重建國家，直至消滅階級差別」；「採用無產階級專政，以達到階級鬥爭的目的」；「廢除資本私有制，沒收一切生產資材」。所以中共自建黨伊始，便以奪取政權，建立共產政權為目標，兩次與國民黨的合作，目的就是利用國民黨的力量發展共黨組織，這種借殼奪權的策略，正是情報工作謀略作為的重要手段。美蘇等國情報機構就常使用這種手段，顛覆外國政權，而中共更是佼佼者。

中共建黨後，因堅持「徹底斷絕與黃色知識分子階級，以及其他類似黨派的一切聯繫」，而面臨生存發展困境。建黨第一年實際黨員只擴張到一九五人，又被北洋軍閥及各國租界視為非法組織，禁止活動，發展十分困難。一九二三年六月，中共召開「三大」，遵照「共產國際」指示通過與國民黨合作決議，並接受孫中山先生建議，不建立兩黨「平行」合作關係，而允許共產黨員以個人身分加入國民黨。中共雖不甘心，但為達到利用國民黨發展組織，吸收黨員，和奪取國民黨的實力之目的，只得「虛與委蛇」，並指示黨員在加入國民黨後「同時要保持共產黨在政治上、組織上、和思想上的獨立性」，不受國民黨的領導，並吸收優秀的國民黨員加入共產黨。

一九二三年十一月中共「三屆一中全會」，又規定「共產黨團在國民黨內為一秘密組織，一切政治言論行動，須受共產黨指揮」；「凡有國民黨組織的地方，共產黨員一併加入，無國民黨組織的地方為之創設」，「應在農村中建立和擴大國民黨組織」；「用國民黨名義，組織和參加各種人民團體」。

中共這一招果然有效，到一九二五年四月

時，中共藉國民黨組織名義吸收共產黨員，已暴增到五萬七千九百多人，增加二九七倍之多，讓中共嘗到以合法掩護非法之特工作法的甜頭。

中共前總理周恩來就曾說：「有了黨，就有黨的情報保衛工作」。周恩來被中共譽為「我黨隱蔽戰線的主要創始人與卓越領導者」。中共情報機構至今仍自詡：「中國共產黨的隱蔽戰線工作伴隨著黨的誕生而誕生，伴隨著黨的成長而成長，伴隨著黨的勝利而勝利」。所謂「隱蔽戰線」包括情報、保衛、機要，和通訊等四項工作，這是共產獨裁國家特色，在民主國家不使用「隱蔽戰線」一詞，且只包括情報作戰和政治偵防兩項。

一九二三年八月，孫中山先生為建立新的革命武力，決定創辦「黃埔軍校」。中共乘機滲透，除派周恩來、惲代英、聶榮臻等領導階層黨員進校任職外，並指示全國各地共產組織推薦黨員報考，在黃埔第一期的六百名學生中，共產黨員即達五、六十人之多，其後各期也有為數甚多的中共黨員入校。而在校之中共黨員又分公開與秘密兩種黨員。中共大舉滲透黃埔軍校目的，就是意圖在國民黨建立起武裝力量後，從中奪取軍權。雖然國民黨「清黨」後，中共黨員大多數被清理出黨和離開黃埔軍校，但仍然有不少地下黨員潛伏下來，後來甚至竄升到高級將領，並得到蔣介石的信任和重用，而在一九四八、四九年國共內戰時陣前倒戈，是國軍節節敗退重要因素之一。如黃埔一期的李默庵（三十二集團軍司令，四八年與湖南省主席程潛密議投共）、廖運澤（騎兵軍長，一九四九年叛變）；五期的廖運周（一一〇師師長，一九四八年叛變）、陳孟熙（中共元帥陳毅胞兄，一九四九年叛變）。

中共還藉國民黨名義的合法掩護，在全國各地組織和領導了許多工農運動，如廣州沙面工人大罷工、上海「五卅運動」等；又利用國民黨之名成立「全國農民協會」，發展農民會員，多達九十八萬人，而使中共的「工農運動」得以在全國，特別在南方各省迅速開展。

因此在第一次國共合作期間，中共接受共產國際和蘇共有計劃的指導，已採取情報工作之手段，利用孫中山先生「聯俄容共」政策，對國民黨進行滲透，並在國民黨內發展組織，吸收地下黨員，潛伏在國民黨和國軍之中。周恩來後來在國民黨「清黨」後，能夠迅速在中共中央成立「中央特科」這種情報和保衛工作兼顧的秘密組織，實際來自滲透國民黨和黃埔軍校的經驗。

中共「中央特科」成立後，周恩來對「特科」的指示，就強調在敵人內部發展情報組織，要直指敵人的要害「打進去」和「拉出來」，如前述李默庵（打進去）和郭汝槐（黃埔五期，一九二九年被中共「拉出來」）就是顯著例子。而中共藉助孫中山先生的「扶助工農」政策，發展工、農運搞暴動，則屬於情報工作中的「群眾運動」範疇。

一九二七年四月十二日國民黨召開「中央政治會議」決議「清黨」，驅逐黨內共產黨員，中共稱之為「四一二反革命事件」。時被蘇共和中共操縱的汪精衛武漢左派國民黨，也在汪精衛醒悟後，解除了蘇共鮑羅廷的最高顧問職務，並於七月十五日召開「中央執行委員會」，通過「分共」，與中共決裂，中共稱為「七一五反革命事件」。正式結束了第一次國共合作，中共稱為「第一次大革命失敗」。十月，中共中央機關秘密遷至上海。

第一次國共合作的破裂，使中共面臨空前重大危機，內部開始出現「叛黨」事件，第一個公開「叛黨」的共產黨員是中共「社會主義青年團」中央書記、武漢中央軍事政治分校政治部主任施存統。影響所及，中共在武漢地區許多黨員紛紛公開宣佈「脫黨」（中共一律視為「叛黨」），而且人數日益增加，由個別的公開登報「脫黨」行為，逐步發展為成批的黨員「脫黨」，並擴及上海、廣東等地，黨員人數由四、五月間（在武昌）召開的「五大」會議時的五萬八千人，急遽降為一萬人左右。

而在「清黨」後被國府逮捕處決的中共重要

黨員有：陳延年（陳獨秀長子，中共江蘇省委書記）、陳喬年（陳獨秀次子，中共江蘇省委組織部長）、蕭楚女（男，曾任毛澤東任所長的廣州農民運動講習所教員，黃埔軍校政治教官）、趙世炎（中共前總理李鵬的舅父，中共中央委員、江蘇省委常委，上海總工會委員長）、許白昊（中共中央工委、江蘇省委、上海總工會組織部長）、彭湃（中共中央政治局候補委員、中央農委書記）、楊殷（中共中央政治局常委、中央軍事部長、軍委主任）等人。

中共組織因而面臨瓦解危機，為圖生存，除公然採取武裝叛亂外，並決定發展隱蔽戰線的情報工作鬥爭：

在武裝鬥爭方面：中共在各地發動的武裝暴動，主要的有：八月一日的「南昌暴動」（中共在國軍內部發動的第一次兵變，煽動或奪取的部分國軍部隊所搞的暴動）、九月中旬毛澤東在湘鄂間煽動的「秋收暴動」、十月底的「海陸豐暴動」、十二月一日的「廣州暴動」（中共均稱之為「起義」）等等，並在一些偏遠山區建立武裝遊擊根據地或「蘇區」。

在隱蔽鬥爭方面：國民黨一九二七年「四一二清黨」後，中共中央被迫自上海遷往武漢，依附武漢汪精衛的左派國民黨。中共此時正處於風雨飄搖，黨員紛紛叛黨，岌岌可危之際，為懲治叛徒和內奸，中共中央於五月下旬在中央軍委（周恩來任書記）下成立「特務工作處」，專責情報、保衛和鎮壓等工作，並由赴蘇聯遠東紅軍總部學習特工的工運領袖顧順章負責，下設情報（負責收集政治、軍事情報）、保衛（負責保衛中央機關和蘇聯顧問團的安全）、特務（負責鎮壓叛徒、奸細）、匪運（收編地方上的土匪武裝）等四個股。

當時，中共中央「特務工作處」人員多擁有國共雙重身份，如情報股負責人董醒吾，公開身份是國民政府武漢三鎮偵緝大隊隊長。所以在汪精衛的「七一五分共」前，「特務工作處」已及時獲得情報，讓中共總書記陳獨秀和中央所有成員得以成功避開武漢國民黨的搜捕。

共產國際代表鮑羅廷也因被汪精衛解除顧問職務，下令驅逐出境。中共奉共產國際指示為保證鮑羅廷的安全和躲避國民黨的追捕，由「特務工作處」保衛股抽調三十人組成衛隊護送鮑羅廷，自七月下旬起，從武漢出發，經河南、寧夏，穿越戈壁沙漠，進入外蒙古，再由烏蘭巴托返回蘇聯，於九月底安全護送鮑羅廷抵達莫斯科，全程歷時兩個多月，行程超過六千公里。衛隊完成任務後，留在莫斯科中山大學學習「保衛工作」。

武漢「分共」事件後，中共中央又被迫於九月遷回上海租界內，隱匿求存，但處境更加艱困。中共中央遂於十月九日決定成立「中央特別委員會」（對外以「新新公司」名義為掩護），作為隱蔽鬥爭決策機關，由周恩來（時任中央政治局委員兼中央軍委書記，後於一九二八年赴莫斯科接受蘇聯肅反委員會「契卡」之特工訓練）擔任書記，負實際領導責任。委員有顧順章、向忠發（出身紅幫和工人，時任中共中央臨時政治局委員，一九二八年七月出任政治局主席，即黨的總書記，因才能不足，先後淪為周恩來、李立三、王明的傀儡。一九三一年六月在上海被國府逮捕，供出中共中央組織機密，使多處中共中央機關被破獲和一些重要幹部被捕。向忠發被國府處決後，中共中央已無法在上海生存，被迫轉移贛南中央蘇區，從此中共將向忠發定性為叛徒）二人。

十一月中共在「中央特別委員會」下增設執行機構「中央特別行動科」（簡稱「中央特科」），主要活動地區為上海。「中央特科」專責從事地下工作，任務包括情報搜集、保衛中共領導幹部安全、防止高層人物被國民黨和公共租界當局逮捕或暗殺、營救被捕黨員、對國民黨的滲透，並建立秘密電台，向「革命根據地」通報敵情。「中央特科」還有一個重要任務，就是採取暗殺的手段，懲處背叛並且對中共造成嚴重危害的中共黨員和奸細。

當時周恩來化名「伍豪」、「周少山」，在黃浦江邊開設「松柏齋古玩號」作為掩護，主持中共地下工作。他規定「特科」工作有「三任務、一不准」，內容為「搞情報、懲處叛徒、執行各種特殊任務包括籌款，不准在黨內互相偵察」。周恩來自編了一本密碼，稱為「豪密」，由周妻鄧穎超擔任譯電。周恩來還擬訂了《關於在白色恐怖下黨組織的整頓、發展和秘密工作》文件，訂定秘密工作的方針和方法，規定中共在「白區」的所有組織，都必須採取秘密活動方式。因此中共稱：「周恩來開闢了城市秘密工作，創建了情報保衛工作」。

向忠發化名「餘達強」，在法租界經營古董生意掩護；顧順章化名「黎明」，因擅長武術和魔術，以藝名「化廣奇」開設魔術店為掩護，經常登臺表演，頗具知名度。

「中央特科」初期工作由顧順章負責。顧順章出身青幫，原在上海「南洋兄弟菸草公司」擔任工頭，因參與一九二五年五月三十日上海紡織工人為抗議日人經營之棉紗廠暴力毆打工人致死，和非法開除工人而爆發的示威運動（遭到租界英國巡捕房開槍鎮壓，發生流血事件，史稱為「五卅慘案」）中，表現積極，受到中共注意，被吸收加入上海總工會和中國共產黨，曾任鮑羅廷衛士。一九二五年與陳賡、陸留（後者人資不詳）等人被中共派往蘇聯海參威接受特務技能訓練。一九二七年，顧順章當上中共臨時中央政治局委員兼交通局局長，負責「中央特科」的領導工作，並再次赴蘇接受特工訓練。

「中央特科」書記則由陳雲出任。陳雲在抗日戰爭勝利前長期從事情報工作，是僅次於周恩來的中共老特務。事實上，他就是周恩來在一九二五年介紹加入共黨，並參與策劃一九二七年上海三次工人武裝暴動，才得以在同年出任「特科」書記。「特科」被國府消滅後，他隨周恩來進入江西蘇區。

「中央特科」下設有四個科：

（一）總務科（特一科）：主管中共中央

機關事務和財務等工作，負責開設各類掩護商店，提供中共黨員合法掩護和住所；租賃花園洋房作為中央各機關工作場所、重要會議場所；營救被捕人員等任務。時任中共中央政治局委員的任弼時曾兩次在上海租界被捕，即由總務科行賄法國巡捕房，營救獲釋。中共另還請宋慶齡（孫夫人）出面成立「中國互濟總會」擔任主席，透過法律途徑以公開方式，營救被捕黨員。當時在「特一科」工作的特務聶榮臻，在中共建政後，曾任「國防科工委」主任。

（二）情報科（特二科）：成立於一九二八年四月，負責建立情報網，蒐集情報，掌握敵情。科長陳賡（化名王庸，一九二二年加入共黨，二四年入黃埔一期，曾任蔣介石侍從參謀。二六年被中共派赴蘇聯學習特工、保衛工作和群眾暴動，返國後參加南昌暴動，因傷赴上海治療，並參與「特科」工作。一九三一年離開「特科」，三二年再赴上海被捕，他因國民革命軍「東征」時曾救蔣有功，未判死刑，兩個月後脫逃，潛返江西蘇區。中共建政後授予大將軍銜，官至副總參謀長）。該科曾派遣特務錢壯飛、胡底、李克農等人成功打入國民黨「中央調查科」（「中統」前身），曾蒐獲國軍第一、二次「剿共」命令、兵力部署、行動時間等情報。並成功策反「中央調查科」上海特派員楊登瀛（原名鮑君甫），建為內線，為中共蒐集「中央調查科」情報、中共叛黨黨員資料、協助營救被國民黨或租界逮捕之中共黨員。楊並接受「特科」所派特務擔任其秘書和保鏢，楊也利用關係協助「特科」人員打入上海市公安局、偵緝隊、憲兵隊工作。楊登瀛雖對中共早期特務工作有重大貢獻，但在顧順章變節後，已不受中共重視。中共建政後，歷次政治運動都被揪出當「運動員」鬥爭，文革時更被打為國特、內奸，慘遭鬥死，應驗了「兔死狗烹」的諺語。

（三）保衛科（特三科），又稱紅隊（原名「紅色恐怖隊」）或打狗隊：科長顧順章（兼），負責中共中央機關和人員保衛工作、鎮壓叛徒、特務等工作。曾經多次實施劫囚等行動，也多次採用暗殺的方法制裁背叛中共並對中共造成危害的中共黨員。著名案例有：懲治「叛徒」何家興、賀芝華夫婦（二人均留歐，賀女曾在德嫁朱德為妻，離婚後改嫁何家興，同赴俄入中山大學，回國後任職上海中共中央，一九二八年四月二人向英租界巡捕房檢舉中共中央組織局主任羅亦農，羅因而被捕遇害，中共派顧順章、陳賡率殺手潛入何宅，槍殺何家興，重傷賀芝華）、白鑫（黃埔四期，在校加入共黨，一九二九年出任上海中共中央軍委秘書，八月向國民黨自首，致使中共中央農委書記兼江蘇省委軍委書記彭湃、中央軍事部長楊殷、江蘇省委軍委秘書楊昌頤、中央軍委兵運負責人邢士貞等人被捕，「中央特科」曾試圖劫囚營救失敗，四人被殺後，周恩來下令顧順章率槍手趁白鑫離開藏匿處準備出國避禍當日，於白鑫出門上車之瞬間，以亂槍殺害）等等。顧順章後來被國民黨逮捕反正，由周恩來下令紅隊殺手屠殺顧順章全家和被牽連之黨員共十多人。保衛科在上海租界就因經常採取暗殺等恐怖行為，引起各租界外國勢力強烈反感而紛紛成立專門的特警部門以遏制紅隊行動，使「中央特科」工作備受威脅。

（四）交通科（特四科）：成立於一九二八年十一月。負責中共中央與各「蘇區」之間的水路和陸路的交通聯繫，以及人員護送等任務。但交通工作緩不濟急，經常須突破多重關卡封鎖，難以因應情勢的瞬息萬變。同年，中共首次組裝完成無線電通訊電機，並在上海建立第一座秘密電臺，然後又在香港九龍架設地下電臺，完成港、滬之間遠程無線電通訊。一九三一年九月，建立了上海與中央蘇區的無線電通訊，遂將「交通科」更名為「無線電通訊科」，負責製造、設置並保衛電台安全、培訓報務員、保障中共中央與各蘇區、白區中共組織及與共產國際的無線電通訊聯絡工作。該科後來移轉撥交中共中央書記處指揮。科長李強，後在一九七三年出任外貿部部長。

二、臥底中調機要　關鍵時刻拯救了滬中共中央

中國國民黨自一九二七年四月「清黨」後，次年三月在中央組織部下成立「中央調查科」，專責偵緝潛伏黨內之中共地下黨員、偵查破壞中共秘密機關，和滲透中共組織等工作。「中央調查科」先由陳立夫兼任主任，其後在一年內五易其長（中間三位主任為張道藩、吳大鈞、葉秀峰），十二月由徐恩曾接掌。

「中央調查科」成立初期，曾陸續破獲中共地下組織，逮捕中共部分重要領導人，如前述中共總書記陳獨秀的兩個兒子等多人。但也被中共派員成功滲透打入「調查科」，徐恩曾的親信機要秘書錢壯飛，即中共地下黨員。

錢壯飛於一九二五年在北京加入中國共產黨，一九二八年考入上海「無線電訓練班」，該班隸屬上海「國際無線電管理局」（均為國民黨情報機關），局長即徐恩曾。錢、徐二人為浙江吳興（今湖州市）同鄉，因而受到徐恩曾的重用，出任徐的機要秘書。一九二八年底，徐恩曾因係陳立夫之表親，靠此關係出任「中央調查科」主任，錢壯飛也隨徐進入「中調科」，仍任機要秘書。周恩來指示錢壯飛協助李克農、胡底二人打進「中央調查科」，由三人組成特別小組，李克農任小組長，負責與「中央特科」的聯繫，接受「特二科」科長陳賡單線領導。

錢壯飛雖獲得徐恩曾的信任和重用，但對經手之電報，報頭如指明必須由徐恩曾「親譯」之電文，仍需交徐恩曾親自解碼譯電，徐也親自保管「親譯電」的密碼本。錢壯飛為竊取「親譯電」內更機密的情報，由李克農趁徐恩曾赴上海「找女人」疏忽之機會，竊得密碼本，予以拍照後交錢壯飛使用，原件仍還歸原處，未被徐發覺有異。

李克農（化名李澤田）於一九二六年加入共黨，經由錢壯飛的介紹，於一九二九年十二月打入「無線電管理局」工作，不久也獲得徐恩曾之信任，出任「電務股」股長，負責管理全國無

線電報務員登記和考試工作。李克農趁機利用職權，先後錄取中共指派之地下黨員，紛紛滲入該局工作。

胡底，又名北風，一九二五年參加共黨，曾與錢壯飛在北京合演過電影。胡底後來轉赴上海發展，擔任主角演出數部電影。一九二九年經由錢壯飛介紹打入「中央調查科」，次年受錢壯飛指示，在南京先後開設「民智通訊社」、「長江通訊社」，作為「中央調查科」半公開掩護機構，實則利用該兩機構作為中共秘密聯絡據點。一九三〇年，胡底又藉「中央調查科」指派他赴天津籌建「長城通訊社」並任社長之機會，幫助中共在天津打開工作局面。錢、胡所蒐集的國民黨情報，統由李克農透過陳賡轉報周恩來。

一九三一年四月，顧順章奉令護送張國燾（北大學生領袖，中共創黨成員，駐共產國際代表，紅四方面軍領導人。延安時期與毛澤東決裂，投誠國府，任職「軍統」，一九七九年病逝加拿大）、陳昌浩（莫斯科中山大學二十八個半布爾什維克之一，紅四方面軍政委，延安時任教抗大，後赴蘇工作，文革時被鬥，服毒自殺）等中共領導人從上海搭乘英商木材拖船赴武漢，轉往鄂豫皖蘇區中共「紅四方面軍」工作。顧順章完成任務後，回到武漢，禁不住技癢，以「化廣奇」藝名登臺表演魔術，被國民黨「中央調查科」人員發現，於四月二十四月夜予以秘密逮捕。

顧順章被捕後，隨即反正投誠，表示願意供出中共中央領導機關和領導人在上海的秘密地址、第三國際遠東情報局和蘇聯遠東紅軍情報部派駐上海人員之姓名住址，以及「中央特科」滲透「中央調查科」之特務名單，但堅持要先到南京親向最高當局（蔣介石）當面供訴，不然就拒絕透露任何情報，並表示在未押解他到南京之前，絕不可將其被捕消息電告南京，否則事必為中共特務知悉轉報中共中央迅速轉移等情。「中央調查科」武漢單位不聽顧順章之警告，於二十五日連發六封指明請徐恩曾「親譯」之「特急」

電報，報告顧順章被捕自首等情形。當天正值星期六，徐恩曾赴上海「娛樂」，又逢錢壯飛值班，他見有六封須徐恩曾「親譯」之急電，驚覺有異，乃私自拆封，用另紙偷譯出電報內容後，大驚失色，將原電報封回放置徐恩曾辦公桌上。

錢壯飛判斷顧順章要到四月二十七日才能抵達南京，國民黨「中央調查科」最快要到二十八日，才有可能在上海搜捕中共中央機關和人員，中共中央應還有時間應變。他立即派他的女婿劉杞夫（錢之秘密交通，也打入調查科任職）於二十五日連夜乘火車趕赴上海，次晨抵滬將情報面交李克農轉陳賡。錢壯飛同時通知經其安排滲透進入「中央調查科」之中共特務撤離，並急電天津的胡底緊急脫逃。錢壯飛本人則仍在二十七日赴火車站接應自上海返回的徐恩曾到辦公室後，立即逃往上海。

四月二十六日星期日，上海中共中央也休息，陳賡直到二十七日才聯繫到周恩來，報告顧順章叛變情報。周恩來聞之色變，立刻動員「中央特科」人員，一日之內即完成所有中共中央、江蘇省委和蘇聯情報等機關暨領導階層人員之緊急轉移；凡能被顧順章追蹤到的幹部，一律調離上海；同時即刻更新顧順章所知之秘密聯絡辦法和暗號。

四月二十七日，國民黨「中央調查科」押解顧順章抵達南京，顧當面向徐恩曾交待所知中共中央在南京、上海組織和名單。徐恩曾當即下令逮捕錢壯飛等滲透「中央調查科」人員，但已全部不知去向。「中央調查科」連夜派出大批工作人員趕赴上海，二十八日上午會同英、法租界巡捕房全市搜捕，但中共中央機關和蘇聯情報單位藏匿處所，都已人去樓空，僅有少數未及逃走的共產黨員被捕。儘管如此，仍被顧順章指認了中共重要領導人之一的惲代英（中共成立後第一批入黨黨員，一九二六年打入黃埔軍校任政治教官，清黨後曾參與南昌和廣州暴動，再赴上海創辦《紅旗》雜誌，一九三〇年五月被捕，但未暴露身分，次年因顧之指認，被判死刑），協助逮捕了向忠發、蔡和森（毛澤東湖南第一師範同學，曾赴法留學，因參與勤工檢學潮被驅逐出境，一九二一年加入共黨，曾任駐蘇代表和中宣部長，一九三一年六月十日在香港被港英警察逮捕，交廣東軍閥陳濟棠槍決）等人。

錢壯飛、李克農和胡底三人因身分暴露，在上海已無法立足，乃逃往贛南中共中央蘇區。錢壯飛任中央革命軍事委員會總參謀部二局副局長，但於一九三五年在「長征」途中，紅軍南渡烏江時，遭國軍軍機襲擊後失蹤，疑被炸死；胡底任「政治保衛局」預審科長，同年被張國燾以「國民黨特務」罪名處決；李克農任「政治保衛局」執行部長、紅軍工作部部長。中共竄抵陝北後，曾任中央聯絡局長、八路軍總部秘書長、中央社會部長。中共建政後被授予上將軍銜。

顧順章的被捕與投誠，「中央調查科」本可一舉殲滅中共中央在上海之機關，並逮捕絕大多數中共重要領導幹部，國共歷史極可能因而全面改寫，中國的命運和發展，更可能從此不同。所以周恩來在中共取得政權後承認如果沒有錢壯飛，他和許多中共領導人和在上海的工作人員，早已不在人世了，而且中國共產黨的歷史也將被改寫。他讚譽錢壯飛、李克農、胡底三人為「龍潭三傑」，又稱「前三傑」。至於「後三傑」係後來打入胡宗南身邊，擔任機要，同樣挽救了中共命運的三個中共特務（後文另述）。

情報工作人員憑著個人的膽識和情報蒐集，往往能夠扭轉乾坤，挽救大局，力量勝過千軍萬馬，此所以中共自建黨迄今，始終極為重視情報和偵防（即保衛）工作，即導因於此。而國民黨少數領導幹部生活糜爛，用人唯親與輕信部屬，致為敵滲透和利用，造成對國家的危害，更甚於錯誤決策和貪腐。與其說錢壯飛拯救了中共中央，倒不如說徐恩曾的昏庸奢靡挽救了中共更恰當。

為了報復顧順章的叛變，和對中共造成的傷害，周恩來於同（一九三一）年九月下令陳雲和陳賡親自監督（一說周恩來親自坐鎮），由「紅隊」屠殺了顧順章全家大小八口（妻、女、岳父母、妻妹、表妹，和胞兄夫婦）和受牽連遭誅殺之中共黨員九人，並就地埋屍在英、法租界內。十一月被租界當局偵破此一慘案，挖掘出屍骸，並通緝周恩來。

顧順章因兩度赴蘇接受特工訓練，投誠後留在「中央調查科」，協助訓練工作人員，曾撰寫《特務工作制度理論與實踐》一書作為教材。但顧順章不安於位，一九三四年密謀成立「新共產黨」，被判處死刑。

由於顧順章的被捕叛變，造成「中央特科」成員全部曝光，工作陷於停頓。周恩來指示斬斷所有與顧順章有關的情報工作路線，並於五月重組「中央特別工作委員會」（對外以「中興公司」掩護），由陳雲（時任中共江蘇省委書記，化名「李介生」）負責重建「中央特科」，並兼總務科長；潘漢年（上海左翼作家聯盟書記、江蘇省委宣傳部長，抗日期間曾奉毛澤東指示代表中共與日軍達成互不侵犯協議，一九四九年任上海副市長，後被毛澤東以與日軍勾結當漢奸整肅，怨死獄中）接掌「情報科」；趙容（即康生，本名張宗可，時任中央組織部長，文革時任文革小組顧問，並掌中央調查部，死後被中共鞭屍開除黨籍）負責「保衛科」的行動工作。

同（一九三一）年六月，中共中央總書記向忠發被捕，供出周恩來住處，但周恩來已事先聞訊逃匿。十一月，上海租界偵破顧順章全家滅門血案後，周恩來無法續在上海藏匿，於十二月潛往江西蘇區。一九三三年一月，中共中央機關和中央領導人張聞天、博古（本名秦邦憲）、陳雲等人在上海同樣無法立足，奉共產國際的指示，也由上海遷往江西蘇區。

「中央特科」的「特三科」（紅隊），則因在上海濫殺無辜，成了恐怖組織，惡名昭彰，先後有兩批「紅隊」劊子手被捕，經江蘇高院判處死刑槍決。「紅隊」被破獲原因是一九三五年，「特科」制裁一名叛徒，擊中兩槍未死。戴笠的「特務處」於是設下「誘餌」，將傷者送至法租界偏僻處某小醫院治療，並故意透過一家小型報紙以社會新聞披露，果然引誘兩名「紅隊」兇手闖入醫院行兇，被埋伏人員逮捕，循線偵破「紅隊」組織。周恩來下令撤銷「特三科」，並精簡其他三科人員。派趙容赴莫斯科，出任共產國際中共代表團副團長，更名康生。

戴笠的「特務處」還破獲共產第三國際中國總支部（間諜機構）負責人羅倫斯（化名約瑟夫・華爾敦）。本案是「特務處」湖北站先偵破拘捕中共特務關兆南，循線逮捕在上海的交通員，和羅倫斯的英文秘書，供出羅倫斯。羅倫斯的被捕，成了一件轟動中外之大案，證實共產國際對華的滲透。

一九三四年一月，陳雲出任中共中央「國統區」工作部部長，仍從事情報工作。一九三五年一月，中共在所謂「長征」流竄途中於貴州遵義召開中央政治局擴大會議，毛澤東恢復在中央軍委的領導地位（實際是周恩來的軍事助理）。六月中共派陳雲化裝商人，潛返上海領導地下工作，但因共產國際認為中共上海地下組織已嚴重遭受破壞，難以恢復，指令陳雲、潘漢年即轉赴莫斯科，向蘇共和共產國際報告「遵義會議」詳情，並入「列寧學校」受訓。陳雲在蘇期間擔任中共駐共產國際的代表，深得蘇共和共產國際的信任，因此一九三七年回到延安，即出任中共中央組織部長，掌握中共的人事組織大權。一九四一年，他在延安開辦「城市工作訓練班」，培訓大批城市工作特務人員，派赴「國統區」，他指示這些特務要「長期埋伏、隱蔽精幹、積蓄力量、以待時機」，中共建政後他出任政務院副總理，是中共「鳥籠經濟」（即計劃經濟）總負責人。

中共「中央特科」於一九三五年八月奉莫斯科指示撤銷，人員撤離上海後，只留一個辦事處。十一月辦事處又被國府破獲，「中央特科」組織自此被徹底粉碎消失。

三、設政治保衛局　取代特科之情報及保衛任務

一九二七年在「中央特科」成立之前，中共已在「南昌起義（暴動）革命委員會」下設置了「政治保衛處」，負責肅反和保衛任務。同年十二月「廣州暴動」後，又在「廣州蘇維埃政府」下設立「肅反委員會」。次年，同性質的肅反保衛機關已普遍在中共竊據的各級蘇維埃政權或「革命根據地」的地區設置。至於紅軍方面，毛澤東所領導的「紅軍」政治部，也在一九二九年設置「保衛科」。基本上，這類組織全屬於整肅內奸，屠殺異己的肅反機構。毛澤東和朱德兩部「會師」井岡山後，毛、朱所鬭建的「蘇區」，橫跨江西、福建、浙江三省二十八個縣，為一九二七年中共發動武裝暴動後，建立的最大的「革命根據地」，中共中央遂決定以此地區作為「中央蘇區」。

一九三一年一月，中共在「中央蘇區」成立「中央局政治保衛處」，由中央軍委總政治部主任王稼祥（安徽人，「二十八個半」布爾什維克之一，中共建政後首任駐蘇大使、回國後曾任外交副部長、中聯部部長，文革時被鬥逐出北京，乞討回鄉病死）兼任處長；九月由中共閩粵贛省委書記鄧發（廣東人，參加廣州暴動後，在廣州和香港從事地下工作，一九四六年墜機死亡）調任。

同年十一月七日，中共中央在江西瑞金成立「中華蘇維埃共和國」。將情報機構分為軍、政兩個系統：軍事系統，在中央革命軍事委員會總司令部設立「二局」，和在總參謀部之參謀處下設「諜報科」，負責情報工作；政務系統，將「中央局政治保衛處」改名為「國家政治保衛局」，執行「偵查、壓制和消滅政治上經濟上一切反革命的組織、活動、偵探及盜匪」等任務，局長仍由鄧發擔任，李克農為執行部部長。

鄧發有「中國捷爾任斯基」之稱號。捷爾任斯基為蘇聯「克格勃」（即ＫＧＢ）前身「肅反委員會」（即「契卡」）創建者，任內幫助列寧

屠殺異己和階級敵人數十萬人。鄧發即因殺人太多，一九四五年中共「七大」時，毛澤東有意保薦他出任中央委員，但反對的人多而未當選，不過他仍受毛澤東的信任和重用。

「國家政治保衛局」成立後，統管各蘇區、白區的情報和保衛任務，同時將全國各蘇區之「肅反委員會」一律更名，納編「國家政治保衛局」體系，在省、縣兩級，和中央軍委、各蘇區軍委會、軍團、軍（或師）改稱分局。同時，「政治保衛局」可視需要向某些機關或組織派遣特派員。

「國家政治保衛局」下設五個部門：

（一）**偵查部**：由局長鄧發兼任部長，負責檢查出入蘇區的人員和物品，並在中共黨、政、軍、群等各級組織中設立耳目，以及派遣特務進入白區工作。

（二）**執行部**：由李克農擔任部長，負責逮捕、關押、審訊工作。

（三）**紅軍工作部**：一九三二年成立，由李克農任部長。

（四）**白區工作部**：一九三二年成立，部長張國儉。「白區」指「蘇區」以外的地區，即國民政府控制的地區。

（五）**政治保衛隊**：負責保衛黨政軍機關和領導人的安全，派任黨中央、蘇區政府、軍隊首長之警衛人員，並擔負各類案犯的拘捕、看押等任務。該部隊人員佩戴綠底紅邊領章和「KBU」俄文胸章，被稱為「綠領章部隊」。

「國家政治保衛局」的組織基本上照搬了蘇聯「契卡」組織形態，同樣擁有極大權力，主要幹部都經過蘇聯培訓。中共規定：各級蘇區政府、紅軍中軍政首長一律無權改變或阻止「政治保衛局」任務之執行。在國軍第五次「圍剿」後，該局更擁有「對敵人的偵探、邊區的法西斯分子、反動的豪紳地主、陰謀叛變分子」、「對捕獲的團匪首領及地主出身而堅決反革命分子」、「對重大的緊急的反革命案件」等，「有權不經過法庭審判而直接處置」。所謂「處置」，實即「殺害」之意。

正因為「國家政治保衛局」擁有極大權力，而被毛澤東「善加利用」，在內部「肅反」中殺害了大批黨政軍之異己幹部，把原本「黨外對敵鬥爭」的性質，發展成為中共黨內的殘酷鬥爭工具，造成人心惶惶，以致有「天不怕，地不怕，就怕特派員來談話」，成了當時蘇區盛行之「順口溜」。周恩來時任蘇區中央局書記，地位在毛澤東之上，也忍不住怒責「政治保衛局」：「在一個時期內，竟成了超過黨、超過政權的獨裁機關」。

在江西時期，周恩來仍直接主管中共的機要和情報部門，周妻鄧穎超負責最核心的機密工作，即中共中央與莫斯科的秘密電訊聯絡工作。但因國軍的圍剿，長期處於作戰情況下，中共的機要、情報、肅反、反間諜工作經常重疊一起，但還大致上仍維持著分工，即中央秘書處、中央軍委秘書處負責黨和軍隊的機要聯絡，「國家政治保衛局」主管肅反和情報工作。但在「流竄」前夕為了軍事行動方便，中央所有機要情報工作全部集中到中共軍委機要科，中央秘書處基本上已停止活動，鄧穎超等只承擔文書、紀錄等工作。

一九三四年十月，共軍開始「戰略轉移」，進行二萬五千里的流竄，又在中共中央設置了一個「特工科」，對外稱「中央組織部第四科」，負責情報工作。毛澤東對周恩來一手掌管機要、情報、肅反等部門極為不滿。一九三五年一月「遵義會議」後，就開始採取行動，逐步蠶食周恩來的權力，趁周恩來在「長竄」途中生病，委託其指揮軍隊，乘勢奪取軍權。抵延安後，進一步謀奪機要、情報大權。

一九三五年十月，中共竄抵陝北保安縣吳起鎮，即於十一月將「國家政治保衛局」改稱為「方面軍保衛局」，繼而更名為「西北政治保衛局」，負責西北蘇區和共軍內部的肅反、保衛工作。一九三七年九月，再更名為「陝甘寧邊區政府保安處」，負責「陝甘寧邊區」之治安、情報、反間諜等工作。基本上，「保安處」已是以維護「陝甘寧邊區」安全，防止「國特」滲透為主的特務機構。

而國府在中共中央抵達陝北之後成立「西北剿共總司令部」，由蔣介石委員長兼任總司令，實際由副總司令東北軍張學良負責清剿共軍行動，另責西北軍楊虎城配合圍剿。中共面對此一情勢，即制定「聯合東北軍、西北軍共同抗日救國」策略，在抵達陝北不過兩個月，即於當（一九三五）年十二月，先行透過西北軍楊虎城親信關係與楊達成「聯合抗日」和「幫助紅軍運輸必要物資和掩護中共人員的往來」等秘密協定。

次（一九三六）年一月，李克農以「中共中央聯絡局」局長名義，說服所俘虜之東北軍六一九團團長高福源返回西安，向張學良轉達中共與東北軍「聯合抗日」意見，為張學良接受。二月，張學良指派所部六十七軍軍長王以哲為代表，與李克農談判，同意「雙方停戰」。三月，張學良親赴洛川，與李克農會面提出與周恩來面談要求。四月九日，周恩來、李克農到延安（時仍受張部控制）與張學良、王以哲秘密會談，達成「聯蘇」、「雙方停戰」和「通商」等協議。張學良建議「蔣介石有可能抗日」，可由「共產黨在外面逼，他在裡面勸，內外夾攻，才能扭轉蔣介石攘外必先安內政策。」

這時期中共所控制兵力最多不過兩三萬人（連同當地土共在內），張學良則擁有十餘倍於中共的兵力，而不思剿共，反而被周恩來蠱惑操控，還協助中共在陝北立足生存，逃過被殲滅危機。其實這時張、楊兩部已完全受制於中共了，成了「以大事小」不對稱局面。若張、楊有心剿共，不要說不會有「西安事變」，極其可能，中共從此被殲滅，國共歷史勢將徹底改寫。

十月，中共派駐楊虎城部代表王炳南（一九二八年即打入楊部，被楊派赴日、德留學，抗戰勝利後任毛澤東秘書。中共建政後，曾任外交部副部長），赴上海會見張學良，溝通楊、張二人關係。中共遂即在同月成立「中央白區工作委員會」，專責國府地區的隱蔽鬥爭（即情報）工作。由周恩來任書記，張浩（本名林育英，林彪堂兄）任副書記。

由於中共對張、楊兩部統戰工作的成功，終於導致一九三六年十二月十二日的「西安事變」發生。而中共趁機利用事變之初，張學良的「東北軍」緊急將部隊南調，防範「中央軍」討伐之時機，乘虛進佔延安，並於次年二月，將中共中央遷入延安。

其實，早在一九三四年二月，中共中央紅軍開始「長竄」之前八個月，中共已派遣特務潘文郁，以化名「潘玉華」打進張學良身邊，擔任張的機要秘書。潘文郁，一九二五年加入共黨，派赴蘇聯入中山大學留學。一九二八年出任中共駐共產國際代表團秘書長，同年中共「六大」在莫斯科召開，潘文郁擔任周恩來的俄文翻譯。年底中共將其調至上海，任中央宣傳部秘書，和《紅旗日報》及《布爾什維克》雜誌主編，參與籌建「左翼作家聯盟」。一九三一年七月潘文郁在北平被捕，登報聲明脫離共黨獲釋，進入北京大學任教，並翻譯馬克思《資本論》之中文本。同時與妻子廖素丹參與中共「北京特科」地下工作，他經人介紹認識張學良，向張學良詳細的解說中共情況，給張留下深刻印象。

一九三四年一月，張學良自歐考察回國，出任武漢「剿匪司令部」副司令，他在司令部內成立一個「機要組」，任命潘文郁為中校機要秘書，並為他講解《資本論》。這時正是國軍第五次剿共時期，潘文郁利用張學良之信任和職務之利，積極為中共蒐集情報。他將「剿總」軍事行動機密，及時傳遞給「北京特科」轉送中共中央。所以，第五次國軍「圍剿」初期，共軍常能及時擺脫險境。十月，共軍決定「長竄」，潘文郁再將國軍圍剿共軍兵力部署和軍事行動等機密文件，因迫於時間急迫，來不及抄寫，直接將國軍剿共文件之原件，密交中共「北京特科」。十一月「北京特科」被「軍統局」偵破，搜出「剿總」剿共軍事機密原件，潘文郁身分因而暴露被捕，判處死刑。

張學良在潘文郁被捕後，仍多方設法庇護，但因證據確鑿，只得依法處置潘某。張學良從初識潘文郁起，已知他是共產黨員，出任「剿總」副司令後，不但任用潘文郁為機要秘書，還跟著潘學習共產理論，不難想像張學良當時思想左傾之嚴重。因此，自一九三五年十月中共竄抵陝北後，張學良雖擁有絕對優勢兵力，卻未盡責確實剿共，反而在一九三六年被中共統戰成功，受中共唆使發動了「西安事變」，實際一切都是有跡可循，但國家命運已徹底改變。

中共紅軍在國軍第五次圍剿時，能順利脫離國軍之追剿，潘文郁功不可沒，事實上等於挽救中共中央和紅軍被殲滅危機。一九四九年中共攻佔武漢後，周恩來曾親發電報到武漢，指示一定要找到潘文郁的家屬，作為「烈屬」對待。但周恩來保護不了潘文郁的親屬，潘的「犧牲」反而禍延家人。「文革」時，潘文郁的親人被扣上「叛徒」家屬的大帽子，潘弟潘薪傳被紅衛兵嚴刑拷打，憤而投江自殺；從軍的潘文郁兩個兒子被勒令退伍轉業；潘妻廖素丹身心交瘁，憂憤成疾，病逝於「文革」結束前。潘薪傳、廖素丹都曾參與「北京特科」地下工作，潘文郁滲透張學良司令部期間，攜回之大量國軍機密軍事情報文件，都由廖素丹抄寫，交「北京特科」交通員攜回；潘薪傳也在「特科」擔任交通，傳遞情報。兩人都對中共有過汗馬功勞，卻逃不過「文革」殘酷鬥爭。「文革」浩劫結束後，倖存下來的「北京特科」人員向中共中央申訴潘文郁的情況。中共相關單位卻完全不顧周恩來曾有潘文郁的家屬為「烈屬」之指示在前，竟然用了七年時間清查，才在潘文郁死後五十三年，證實潘文郁的「壯烈經歷」，於一九八八年五月追認為「革命烈士」，這時中共已建政三十九年了。

一九三七年七月七日，蘆溝橋抗日戰爭暴發，中共為了強化對國府和日本之情報工作，於十二月將「中央白區工作委員會」改稱為「中央敵區工作委員會」，由周恩來擔任主任。十二月，中共又為加強對情報、保衛工作的領導，在黨中央成立「中央特別工作委員會」，統管全黨的情治工作，仍由周恩來任主任。一九三八年「中央敵區工作委員會」由康生接替主任，潘漢年任副主任。

康生是在「顧順章事件」後，中共「中央特科」於一九三一年四月，改由康生和陳雲、潘漢年三人組成的「中央特別委員會」領導，陳雲為負責人。一九三二年，陳雲調離後，康生就成了「中央特科」的實際負責人，在他領導下，「紅隊」在上海暗殺了「一批」中共「叛黨」和「脫黨」分子，養成了康生「嗜血」惡習，終其一生，都以迫害異己，殘殺無辜為樂。

一九三三年夏，康生也無法立足上海，轉往莫斯科，出任中共駐共產國際代表團副團長，成了王明副手，並學習蘇聯特務組織「克格勃」的特工技術。一九三七年，康生自蘇回國，抵達延安，才與毛澤東首次見面。這時毛澤東尚未掌握絕對權力，在政治局仍受制於史達林所信任的王明。但康生善於觀察政治風向，看出王明決非毛澤東鬥爭的對手，於是背叛了王明，投靠毛澤東。尤其一九三八年，康生力排眾議，全力支持毛澤東和江青結婚（時中共中央高幹幾乎都反對），從此獲得毛之信任，因而能夠繼周恩來之後，接掌「中央特別工作委員會」，成了延安炙手可熱的紅人，並以「中共的捷爾任斯基」自居，塑造了他的恐怖形象。

一九三八年春，中共又在中央成立「中央保衛委員會」，康生任主任。但「保衛委員會」只維持了一年稍多，中共於一九三九年十月將「保衛委員會」改編為「中央社會部」。

康生終其一生都受到毛澤東的信任和重用，一位研究毛、康關係的中共學者高華說：「以毛之多疑善變，對屬下一向猜忌、防範的性格而論，和毛毫無歷史淵源，又無戰功和長征經歷的康生，能長期獲毛的信任是極其罕見的，其主要原因乃是毛、康關係的性質，完全不同於毛與其它中共領導人的關係。毛與劉少奇、任弼時等人的關係，從本質上說，主要是一種政治盟友的關係，而康生之於毛，則猶如家臣。康生對毛澤東的絕對效忠和人身依附，使毛可以輕而易舉將康生與其它政治局委員區別開來。對於毛，康生曲意奉承，揣摩迎合，善於體會某些難言之隱而主動為主人分憂；康生又能雷厲風行，堅決貫徹主人意志而不畏毛以外的任何中共元老，實在是為人主者手中須臾不可離身的一把利劍。」這段對毛、康關係的評論，可謂一針見血。

02 國共二次合作期間——中共先後組建三個情報機構

一、抗日戰爭爆發　成立中央社會部專責抓國特

一九三六年十二月的「西安事變」和一九三七年七月的「蘆溝橋事變」，不但挽救了中共極可能被剿滅的危機，並且促成了國共第二次的合作。毛澤東在一九三七年八月的「洛川會議」和九月對部隊講話時，明確指示：抗戰是中共發展的絕好機會，要「保存與擴大自己」，策略是「七分發展實力，二分應付政府，一分對抗日本」。因此中共策定了四大運動：「百萬擴軍運動」、「百萬擴黨運動」、「千萬囤糧運動」和「萬萬積金運動」。

在毛澤東壯大發展的策略下，「中央特別工作委員會」的工作能量，已不足以應付中共的擴張策略。尤其是一九三九年一月，國民黨通過《防制異黨活動辦法》，確定「容共、防共、限共、反共」的方針，矛頭指向中共之際。中共中央迅即在次（二）月決定成立「中央社會部」（簡稱「中社部」）以因應，對外仍稱「中央敵區工作委員會」。

中共在《關於成立社會部的決定》指令中說：「目前日寇、漢奸及頑固分子用一切方法派遣奸細企圖混入我們的內部進行陰謀破壞工作，為了保障黨的組織的鞏固，中央決定在黨的高級組織內成立社會部」。中共表面上似乎只在成立一種內衛式保護組織，實際上是將「中央特別工作委員會」和「中央敵區工作委員會」兩個機構合併為「中央社會部」，成為一個兼具情報和保衛工作的特務機構。

「中社部」的任務有五：「一、有系統地

與漢奸、敵探作鬥爭，防止他們混入黨的內部，保證黨的政治、軍事任務的執行和組織的鞏固；二、有計劃的派遣同志和同情分子，利用一切機會一切可能打入敵人的內部，利用敵人中一切可能利用的人，從加強敵人內部的工作達到保衛自己；三、收集敵探、漢奸、奸細活動之具體材料和事實教育同志，提高同志的警覺性；四、管理機要部門的工作，保障保密工作的執行；五、經常選擇和教育可以作此種工作之幹部」。

「中社部」於一九三九年二月二十八日正式成立，由康生擔任部長，潘漢年、葉劍英、孔原等三人為副部長，李克農後也擔任了副部長。實際上「中社部」與「陝甘寧邊區政府保安處」是兩塊招牌一個機構，說明了「中社部」人員係由中共長期從事情報和保衛工作的老特務組成，負責領導中共各根據地和敵（白）區的情報和保衛工作。

「中社部」總部設在「棗園西村」，位於延安城西北八公里處，原是一家地主的莊園，「中社部」進駐後改名為「延園」，共產國際遠東情報局駐延安聯絡小組也設在此。「中社部」的核心組織為一局（組織、人事）、二局（情報）、三局（反間）、四局（情報分析）、五局（特工訓練）等五個局（或稱「室」），以及兩個直屬部門：保衛部和執行部。

特務訓練機構主要為「棗園訓練班」，中共建政後曾擔任「中央調查部」部長的羅青長和「公安部」部長的謝富治都是該班畢業的特務。另外還設有「陝北公學」和「西北公學」，培訓特務和肅反幹部，特工人員畢業後大多派往淪陷區和國統區進行秘密工作。中共現已將「棗園」舊址修復，作為「國家安全教育基地」和「全國愛國主義教育示範基地」。

「陝甘寧邊區政府保安處」另在延安城南的七里鋪開辦「情報偵察幹部訓練班」，學員多屬知識分子，培訓後派往敵區（指國統區和淪陷區）工作的特務人員，先後辦了八期，中共誇稱七里鋪為共產黨情報保衛人員的「黃埔軍校」，當知其重要性。「保安處」還有一處「三十里鋪訓練班」，學員則是選訓陝北本地幹部，培訓後在邊區從事公開保安工作。

「中社部」成立後中共又相繼在西北局、華中局、北方局、山東中央分局、晉綏中央分局、晉察冀中央分局等地各「統治區」設置「社會部」，即使在重慶的「國統區」的「南方局」也在一九四〇年十月設置「社會部」，由搏古（本名秦邦憲，為二十八個半布爾什維克之一，「遵義會議」前之中共總書記）任部長。

「南方局」是周恩來在一九三九年一月在重慶成立的秘密組織，並擔任書記，負責領導駐重慶、桂林、長沙、廣州（後移至韶關）、貴陽、香港等地的八路軍辦事處，以及南方「國統區」、日偽占領區，包括四川、雲南、貴州、湖北、湖南、廣東、廣西、江蘇、江西、福建，和香港、澳門等地區的地下組織。

一九四一年「皖南事變」後，周恩來將在「國統區」身分暴露的黨員撤回延安，重新調整黨的地下組織，將八路軍辦事處和「新華日報」社等公開機構作為第一線；以一般地下黨組織為第二線；將「廣大華行」等商業掩護機構作為第三線。第三線機構平時不用，保持極端秘密狀態，以備一旦情勢惡化，一、二線遭到破壞，第三線組織仍能保存下來繼續工作。

毛澤東雖信任並重用康生，但仍有相當防範，他禁止康生插手他與史達林和共產國際的電訊聯繫業務，而指定由任弼時負責聯繫事宜，往來電報之俄文翻譯員亦由任弼時的秘書師哲擔任，任、師二人雖屬「中社部」人員，康生卻不敢干預或向二人探聽機密。

「中社部」副部長潘漢年於一九三九年因病赴香港治療，留在當地開展特務工作。癒後轉赴上海，發展地下組織，組建「華南情報局」，領導上海、廣州、香港、澳門等地工作。潘漢年在上海時，於一九四〇年經過中共中央的核准與汪偽政權「七十六號特工總部」負責人李士群建立情報合作關係，由「七十六號」掩護中共在滬的組織和活動，共同偵查打擊國府「軍統局」在上海的秘密組織。潘漢年甚至住進李士群家中，並經由李士群安排見過汪精衛。

此外，潘漢年也奉到中共中央命令與日本華中派遣軍謀略課長都甲大佐會面，達成日軍與新四軍和平共存，互不侵犯的共識。毛澤東還同意潘漢年與日本駐上海領事館特務岩井英一會面，達成情報交流合作協議。潘漢年答應協助「岩井公館」（專門蒐集重慶、英美情報的日本特務單位）在香港蒐集國府情資。此後，潘漢年定期向日方彙報重慶、國軍和英美等國盟軍情報，同時把日方提供之情報原始電報傳回延安。一九四一年十二月，日軍攻佔香港，中共在香港的地下工作人員得到日方協助核發特別通行證，移往上海。

一九四三年九月，「軍統」人員毛慶祥（中將）呈給國府電報稱：「敵方（日本）極力獻媚蘇俄，企圖完成聯俄聯共政策，尤其希望在中國，聯絡共產軍牽制國軍作戰之兵力，現汪精衛正替日本拉攏八路軍毛澤東代表，而潘漢年早與汪偽正式談判妥協，且由汪偽介紹潘漢年與日軍領袖見面，東條（東條英機，日首相，軍國主義的代表人物，二戰後被盟國以甲級戰犯處以絞刑）認為此舉是與日軍聯俄互相配合之行動」。一九四四年四月，日軍增兵五十萬，準備進攻國軍的作戰計劃，日方事先通知潘漢年，讓共軍避開日軍作戰地區，得以保存了實力，國軍則損失慘重。

日本戰敗後，岩井英一在回憶錄《回想的上海》中說，「中共特務把通過國共合作得到的蔣介石為首的國民黨軍隊的情報提供給日方，目的存在弱化國民黨的意圖」。文革時毛澤東完全否認知悉潘漢年與日本和汪偽政權合作情形，批判他為內奸。周恩來「懼毛成疾」，明知其受冤，也不敢為之澄清，反而落井下石，致潘漢年慘遭揪鬥，判處「無期徒刑」，永久開除中國共產黨籍。一九七七年，潘漢年受盡折磨，病逝於勞改農場。儘管潘漢年在抗戰期間對中共有重大貢獻，但他卻捨棄民族正義，甘願為日寇充當漢奸走狗，犧牲同胞生命，冷眼看日軍侵略國土，其被毛澤東狠鬥致死，也是罪有應得。

一九四〇年八月，「中央敵區工作委員會」與「中央社會部」合署辦公，對外仍採用「中央敵區工作委員會」名義。實則「中央敵區工作委員會」是上級領導機構，由周恩來當主任，副主任由「中社部」部長康生擔任。為了開展工作，中共中央於九月發出《關於開展敵後大城市工作的通知》指示：「中央敵區工作委員會」由周恩來負責領導與推動整個敵後城市工作，「以重慶為推進南方敵後城市工作的中心；以延安為推進北方敵後城市工作的中心」，「在中央局、分局及鄰近敵區的區黨委也應成立城市工作委員會，除主持工作外，須有專門人員負責研究工作與搜集，培養派遣到敵後工作的幹部。」

這時正是國共合作共同抗日期間，中共叛亂心態依然如故，將政府區與日本佔領的「淪陷區」視為同等的「敵區」，所以抗戰一勝利，中共即發動叛變，就不足為奇了。

二、毛澤東為固權　親自兼任中共中央調查局長

抗戰爆發後，毛澤東指示皖南新四軍遵守「向南鞏固，向東作戰，向北發展」的戰略方針，堅持「不受國民黨的限制，超越國民黨所能允許的範圍，不要別人委任，不靠上級發餉，獨立自主地放手地擴大軍隊，堅決地建立根據地」，因此國共軍隊間衝突不斷，最終導致一九四一年元月的「皖南事變」。

一九四〇年十月，國府軍事委員會命令非法在皖南活動的中共新四軍必須在一個月內全部撤回到黃河舊河道以北之政府所劃定之活動地區。但被中共嚴詞拒絕，僅答應將皖南新四軍撤到長江以北，實際則是藉故拖延不撤。中共甚至於十一月下旬指示蘇北新四軍軍攻擊國軍韓德勤部，國府擔心皖南新四軍與蘇北共軍會合後再打韓部，因而拒絕皖南新四軍從皖南東進，再從蘇南渡長江北上的方案，指令皖南新四軍必須直接自

安徽境內渡江北上，但同意延長期限至年底。然而中共仍拒不執行國府命令，堅持東進自蘇南北渡的路線。一九四一年一月四日（已超過期限四天），皖南新四軍九千餘人突向南移動，圍攻國軍第四十師，襲擊第三十三集團軍總司令部，企圖突破國軍防區後，東進蘇南。經國軍反擊，激戰七晝夜，新四軍被殲滅，軍長葉挺被俘，交付軍法審判，此即所謂「皖南事變」。

「軍統」滲透延安之著名間諜沈之岳（化名李國棟、沈輝），在一九三九年，奉中共指派隨新四軍軍長葉挺赴皖南收編散兵和地方遊擊隊。「皖南事變」後多年，中共才知道是沈之岳提供了「軍統」相關情報，導致皖南新四軍之覆滅。中共記取「皖南事變」之教訓，認為要預防遭受襲擊，必須預先掌握「敵情」，並加強反特肅反工作。

沈之岳，一九一三年出生於浙江省仙居縣，南京中央軍校第八期和上海復旦大學畢業。沈之岳在上海期間曾進入浦東煤炭公司當工人，積極參與和領導工人運動，因而受到「軍統」局長戴笠的注意，說服沈之岳參加「軍統」情報工作。一九三八年春，戴笠指示沈之岳先打入中共駐上海組織，再設法進入延安，潛伏到共黨組織的心臟蒐集情報，由戴笠直接單線秘密領導。

沈之岳在一九八三年一月在臺接受媒體專訪時說：他打入中共上海組織後，向中共申請進入延安「紅軍大學」（後改名抗日軍政大學，簡稱「抗大」），很快得到批准，並接到軍委主席毛澤東和總書記張聞天署名的電報，命他到西安見葉劍英，由葉劍英派人送他到延安。沈之岳心裡納悶：西安是東北軍和西北軍剿共總部的所在地，葉劍英怎麼如此大膽，在虎穴會見他？等沈之岳到了西安，這才知道西北軍部隊已和中共合作無間（沈之岳是在西北軍司令部內見到葉劍英），把國府撥給西北軍的物資和糧食，供給延安使用。

沈之岳化名沈輝，進入「抗大」第二期，在校期間學習積極，見解有深度，受到「中社部」

部長康生的賞識，譽為「國統區」到延安的青年表率，當面向「抗大」教育長羅瑞卿表揚沈之岳，因此沈之岳在「抗大」時，順利加入了中國共產黨。據《戴雨農先生全集》透露：沈之岳畢業後任八路軍留守兵團中校參謀，分配到中央機關擔任收發工作，並曾做過毛澤東的秘書。中共中央發佈的若干重要文件以及其他重要情報，都被沈之岳秘密傳遞到重慶。毛澤東發表的一分抗日、兩分應付、七分發展、遊而不擊的戰略就是由沈之岳所做的會議記錄。記者詢問沈之岳：延安距重慶何止千里，共黨組織如此嚴密，怎樣傳遞情報呢？沈之岳說，一位老頭經常在延安城裡攜帶一只缺嘴茶壺賣油茶，負責他的情報傳遞。

一九三八年，中共「陝甘寧邊區保安處」發現，在延安寶塔山下面的古寺裡有一個僧人行跡可疑，常和一個小雜貨店老闆接頭。「邊區保安處」立即逮捕該僧人，查出這個僧人是「軍統」派往延安的特工，名叫孟知荃，已秘密潛伏延安兩年。「邊區保安處」隨即又逮捕和孟知荃接頭的雜貨店老闆以及同夥。其中一名「國特」供出，「軍統」已派了一個特務潛入延安（他不知即沈之岳）。「邊區保安處」全面出動，並發動群眾展開地毯式搜索，經過一年多調查，毫無線索。

國府軍事委員會前在一九三七年十月曾對中共收編之江南共黨遊擊隊，發佈為國軍新編第四軍，並核准葉挺和項英為正副軍長。翌年一月，中共在南昌成立新四軍軍部。沈之岳表示，他長期潛伏在中共地區，共黨不僅沒有懷疑他，並且非常信任他。一九三九年毛澤東派他到浙江「國統區」新四軍第三支隊，協助在閩浙贛邊區收編過去紅軍的「散兵餘黨」，並負責軍中與民間的組訓工作。一九四一年一月的「皖南事變」，葉挺被國軍俘虜，項英在逃亡途中被叛徒暗殺，新四軍番號被取消。對此事，國府證實：「是因為共黨軍事密謀外洩於中國國民黨的緣故。也正是沈之岳預先佈置在新四軍內部的秘密組織，所發生的作用。」臺灣知名學者徐宗懋說：「一些史學家認為，皖南事變中就是沈之岳將新四軍動向的情報傳遞給戴笠的。沈之岳在皖南事變中活動頻繁，也曾露出馬腳，但由於他十分機靈，沒有留下把柄。」

沈之岳透露：一次，他推薦的敵後工作人員不慎暴露了身份，他被迫返回重慶。事實上他離開延安時，身份並沒有暴露。一九四一年冬天在戴笠引薦下，蔣介石曾單獨召見了沈之岳，嘉勉有加。據「軍統」被俘投共叛將沈醉回憶說：「據說沈之岳去過延安兩三次，他當時在軍統中很受戴笠和鄭介民、毛人鳳等的重視」。沈醉在「軍統」內是高階領導幹部，他也只能對沈之岳滲透延安工作用「據說」兩字，足證戴笠當時對延安的滲透如何隱密。

一九四三年，「軍統」成立「東南特偵站」，沈之岳任站長，並兼任「忠義救國軍」淞滬指揮部政治部主任。沈之岳從後臺走到前臺，中共才得知他為「軍統」特工。沈之岳從一九三三年被戴笠說服吸收工作，到一九四一年冬回到重慶，深入中共組織及中央核心歷時九年。曾與沈之岳共事的前中共中央軍委副主席張愛萍，對沈之岳有過如下評述：「（沈輝）九年共產黨員資歷當中，七年是模範黨員。他個性跟周總理很像，內斂、溫柔而含蓄。」（曹佐才《國民黨第二代諜王沈之岳》）。

「皖南事變」後不久，毛澤東於一九四一年五月為徹底整肅「洋共」王明（出身俄羅斯中山大學，史達林原屬意王明領導中共），發起「整風運動」，批判王明的「主觀主義」和「宗派主義」。由於王明曾批評毛澤東為「土共」，譏諷他不懂馬列主義，也不瞭解共產國際的發展，不足以領導中共。刺激了毛澤東為了擺脫「土共」無知形象，他必須多瞭解國際和國內情況。

毛澤東這時已逐步取得中共黨政軍的大權，但在機要、情報和保衛系統方面，仍由周恩來負責領導，對他存在極大威脅。早在一九三五年，毛澤東就開始採取行動蠶食周恩來的機要情報工作權力，如派他的秘書王首道接管中央軍委機要科，不久又接替鄧發擔任「政治保衛局」局長。這年十月成立的「西北政府保衛局」，也受王首道之節制。

一九三五年十月中共中央竄抵陝北後，毛澤東為加緊奪取機要大權，將原集中於中央軍委的機要科一分為三，分別組成中央秘書處機要科（負責黨務機要電訊）、中央軍委機要科（負責軍事機要電訊），和方面軍保衛局（即西北政府保衛局）機要科（負負責情報系統電訊和秘密電臺管理），形成三足鼎立的機要情報系統，統歸由王首道領導，而王首道對毛澤東絕對服從，深受毛之信任。毛澤東為了更徹底控制中共的機要情報系統，又將他的老部屬曾三調入中央秘書處機要科，配合王首道掌握黨的機要工作。正在此時，原負責中央機要電訊的周恩來妻子鄧穎超因病赴北京治療，正式脫離機要情報工作。一九四二年四月，毛澤東又將中央秘書處、中央軍委和「中社部」（原方面軍保衛局）的三個機要科合併為「中央機要局」，由康生兼任局長，從此中共機要情報工作完全落入毛澤東手中。

一九四一年時，毛澤東權力漸趨穩固，但他未因此而滿足，為了進一步鞏固領導地位，奪取情報和保衛工作的權力，就在這年七月成立了「中央調查研究局」，親自兼任局長。這是毛澤東一生唯一一次擔任的情報機構首長職位，另由任弼時（時任中共中央秘書長，剛於一九四〇年三月從共產國際調回國）為副局長。

「中央調查研究局」內設「調查局」（即中央情報部，負責調查敵我友各方的軍政情報，著重戰略情報和相關研究）、政治研究室（負責中國政界各方面的研究），和黨務研究室（負責「根據地」的政策研究）三個部門，調查與研究範圍擴及國內外的政治、軍事、經濟、文化和社會階級關係各種具體情況，

八月份，中共中央通過毛澤東起草之《關於調查研究的決定》文件，更突顯了他內心急於奠定他領導地位之野心。毛澤東在文件中說：「二十年來，我黨對於中國歷史、中國社會與國際情

況的研究」，「仍然非常不足，粗枝大葉，不求甚解，自以為是，主觀主義，形式主義的作風，仍然在黨內嚴重地存在著」，「許多同志，還不瞭解沒有調查就沒有發言權這一真理，還不瞭解系統的周密的社會調查是決定政策的基礎。還不知道領導機關的基本任務，就在於瞭解情況與掌握政策，而情況如不瞭解，則政策勢必錯誤」，「必須力戒空疏，力戒膚淺，掃除主觀主義作風，採取具體辦法，加重對於歷史，對於環境，對於國內外、省內外、縣內外具體情況的調查與研究，方能有效地組織革命力量，推翻日本帝國主義及其走狗的統治」。

「調查局」又在「晉察豫邊區」設立「第一分局」，負責蒐集日本、滿洲和華北地區材料；在香港設「第二分局」，負責蒐集歐、美、日本地區，和華中、華南淪陷區的材料；在重慶設「第三分局」，由周恩來的「南方局」負責蒐集國民黨及大後方之材料；在延安設「第四分局」，負責蒐集西北各省材料，下設調查處，和軍事、邊區、友區、少數民族等四個研究室。

毛澤東還親自兼任「政治研究室」主任，並在其下設置中國政治、中國經濟、敵偽（含日本、淪陷區、其他被日本侵略地區），和國際（含蘇聯、歐美、各殖民地半殖民地）等四個研究組。

「黨務研究室」由任弼時兼任主任，下設根據地（也由任兼組長）、大後方、敵佔區和海外四個研究組。

毛澤東成立「中央調查研究局」的目的，並非只是對國內外政經心軍情況的調查研究，實質上也是為爾後叛亂和奪取政權後的政治與階級鬥爭預作準備。看看他在《關於調查研究的決定》中指示收集材料和研究的具體方法之內容，即可見端倪。他的指導共有七項：

（一）收集敵、我、友三方關於政治、軍事、經濟、文化及社會階級關係的各種報紙、刊物、書籍，加以採錄、編輯與研究。

（二）邀集有經驗的人開調查會，每次三、

五人至七、八人，調查一鄉、一區、一縣、一城、一鎮、一軍、一師、一工廠、一商店、一學校、一問題（例如土地問題、勞動問題、遊民問題、會門問題）的典型。從研究典型著手是最確實的辦法。由一典型再及另一典型。

（三）在農村中，應著重對於地主、富農、商人、中農、貧農、雇農、手工工人、遊民等各階層生活情況及其相互關係的詳細調查；在城市中，應著重對於買辦大資產階級、民族資產階級、小資產階級、貧民群眾、遊民群眾及無產階級的生活情況及其相互關係的調查。

（四）利用各種幹部會、代表會收集材料。

（五）寫名人列傳。凡地主、資本家財產五萬元以上者，敵軍、偽軍、友軍團長以上的軍官，敵區、農區縣長以上的官長，敵黨、偽黨、友黨縣以上負責人，名流、學者、文化人、新聞記者在一縣內外聞名者，會門首領、教派首領、流氓頭、土匪頭、名優、名娼，以及在華外人活動分子，替他們每人寫數百字到數千字的傳記。此種傳記，要責成地委和縣委同志分負責任，傳記內容須切合本人實際。同時注意收集各種人員的照片。

（六）個別口詢問。或派人去問，或調人來問，問幹部、問工人、問農民、問文化人、問商人、問官吏、問流氓、問俘虜、問同情者，均屬之。

（七）收集縣志、府志、省志、家譜，加以研究。

毛澤東的《關於調查研究的決定》對中共情報特工組織而言，被視為最具有里程碑意義的重要文件，「標誌著中共情報工作由獲取警報性、保衛性情報為主，向以軍政戰略情報搜集為主的重大戰略轉變」。即使時至今日，中共情報機構仍遵循不背，自國府開放大陸旅遊探親和經商留學之後，赴大陸的退休公務人員、退伍軍人，特別是情治單位離退人員，中共國安系統的特務都會想盡辦法約談或訪談，乃至不惜以非法手段強制談話，以蒐集臺灣各類情報，即導因於此。

一九四三年三月，中共中央政治局通過毛澤東為中央政治局主席、中央書記處主席、中央軍委主席，把王明徹底排擠出中央領導階層，「中央社會部」也由其親信康生掌握，毛澤東確實達成了「定於一尊」之目的。毛澤東成立的「中央調查研究局」，雖只維持了兩年，但已無存在必要，故於同月中央政治局會議中通過撤銷，將「政治」和「黨務」兩研究室劃撥「中央辦公廳」，另再成立一個短小精幹的「中央研究局」，由劉少奇任局長，功能已不大。

三、設中央情報部　統一黨政軍的戰略情報機關

毛澤東在成立「中央調查研究局」之後，為確實掌握情治大權，於一九四一年九月，再增設「中央情報部」。「中央情報部」是在原「中央社會部」的基礎上，與軍委總參二局和一局的二處（敵偽軍處）、三處（友軍處）合併組成，作為中共中央與中央軍委統一的軍政戰略情報機構，這是中共正式將「調查研究」和「情報工作」兩者予以結合，成立之專責戰略情報工作的機構，仍由「中央調查研究局」領導。「中情部」成立後，中共自誇「標誌中共情報工作的戰略自覺，堅決實現由防轉攻」，「以往都是一個機構兼管情報和保衛工作，現在第一次成立專門負責戰略情報工作的機構。這是我黨情報發展史上的重大轉折，標誌著我黨情報工作任務將實現由以保衛性情報工作為主，到以軍政戰略情報為主的轉變」。

事實上，「中情部」部長仍由「中社部」部長康生擔任，王稼祥（軍委總政治部主任，因病未到職）、葉劍英（總參副總參謀長，不常到中社部）和李克農（中社部副部長）三人任副部長。所以外界多認為「中央社會部」與「中央情報部」是「一個機構，兩塊牌子」。

中共規定：原「中社部」工作，康生只管「大政方針」，以便將精力集中於情報工作，但康生熱衷的是「政治運動」搞鬥爭，積極參與毛澤東於一九四一年五月發起的以批鬥「洋共」王

明為主的「整風運動」，以及爾後「搶救失足運動」和「反特鬥爭」。所以「中情部」的情報實務工作，都由李克農主持。「中社部」的業務則縮小範圍，只負責指導各根據地的保衛工作，李克農在「中社部」只管日常工作，實務由汪金祥（「中社部」辦公室主任，後於一九五四年任公安部副部長，文革時受迫害）負實際責任。因此行文時，是以「中社部」的名義指導保衛工作，而以「中情部」的頭銜指導情報工作。顯示中共自「中央特科」成立起，就將情報和保衛工作視為一體，成立「中社部」和「中情部」，表面是兩個機構，實質不變，即使到今日的「國家安全部」仍擺脫不了這種思維。

中共賦予「中情部」的情報工作任務，分為兩個方向：一是進行一般調查工作，蒐集有戰略意義的公開和半公開的材料；二是進行秘密的情報工作，蒐集敵人各方面的軍政機密情報。工作對象，則以日偽、國民黨、歐美國家等三個面向為主要目標，調查研究其政治、軍事、黨派、人物、特務、社會等情況。

中共中央對「中情部」地下組織的部署的指導，有兩個重點：一是強調「設點、連線、結網，發展為覆蓋全國的網路」，即俗稱的點、線、面的布建方式；二是「隱蔽精幹，長期埋伏，積蓄力量，以待時機」，中共這一情報組織布建指導原則，使滲透到國府黨政軍機構的共諜，能夠不求立竿見影的情報工作績效，因而減少暴露機率，並能長期潛伏，直到一九四八、四九年，中共擴大叛亂時期，才充分發揮功能，也是國府丟掉大陸很重要原因之一。

「中情部」下設三處四室一班，即辦公處、政治處、總務處、軍事研究室（一室）、政治調查室（二室）、軍事調查室（三室）、政治研究室（四室），和幹部訓練班。一九四一年，陳雲在延安開辦「城市工作訓練班」，向「國統區」派遣大批特務。

一九四二年五月，日軍對佔領區的中共「抗日根據地」進行大規模掃蕩（潘漢年促成的是蘇北新四軍與日軍的合作）。中共中央軍委承受重大壓力，又把「中情部」軍事情報部門大部分工作移回軍委情報部，抗戰勝利後中共叛亂期間編入總參謀部作戰部序列。

「中情部」初期的工作，接受「中央調查研究局」的領導。一九四三年三月，「調查研究局」撤銷後，改由中共中央書記處領導，書記處主席正是毛澤東。同年，「中情部」和「中社部」正式合署辦公，幹部統一管理，名符其實成為「兩塊招牌，一套機構」，毛澤東除握有黨政軍大權外，也同時直接掌控情報和保衛工作的權力。

「中情部」的人事亦調整為：部長：康生；副部長：李克農。下設：秘書室、機要科、總務處，和一室（情報）、二室（鋤奸和保衛工作）、三室（軍事研究）、四室（政治研究）等四個室。

因毛澤東對公開情報資料的重視，周恩來也強調「我們的原則應該是公開調查研究工作和秘密情報工作密切結合，互相佐證，兩者不偏廢」，並指示：「公開情報研究工作應該成為一門科學」。因此「中情部」專門設立一個公開情報研究部門「書報簡訊社」，指導全國各地情報組織運用各種辦法搜集大量報刊雜誌書籍，運往延安。中共透露這些資料經積累彙整，和分析研究後，獲得許多重要情報。如：抗戰期間國軍「降日」將官名單；一九四八年中共公佈之「國民黨戰犯」名單；中共竊取政權前，由該社編寫的平津等十餘省市國府重要機構、企事業、社團、幫會、重要人物誌等數百萬資料，「對解放和收管城市提供了大量詳實的材料和情報」。自此公開情報和秘密情報並重，就成為中共情報機構情報蒐集工作的一項基本原則，迄今未變。

但是「中情部」在抗戰期間最引以為傲的情報績效，反而是報送蘇聯的三件重要戰略情報，還洋洋得意，恬不知恥的表示獲得史達林極大的讚賞。事實這些情報卻沒有一件對國共抗日有益，而都是國府情報單位所蒐集後被中共特務從中竊知，並非中共特務自行蒐獲的原始情報。

第一件是一九四一年五月，國府駐德武官桂永清（後任海軍總司令）蒐報「德軍預定六月二十日前後一周內進攻蘇俄」情報，中共特務從重慶國府某要員處得知，即報中共駐重慶代表周恩來送延安轉報莫斯科，德軍果然於六月二十二日對蘇發動攻勢，蘇聯因能事先獲得情報做好戰備，得免滅頂。

第二件是一九四一年德蘇戰爭爆發後，蒐獲日軍放棄北進，改採南進軍事戰略情報，報送莫斯科，使蘇聯得以將原駐守東線，防禦日軍進攻的兵力調往西線，抵抗德軍攻勢。

第三件是一九四四年夏，從國府軍事委員會第三廳（作戰）獲得日本關東軍在中國東北詳細部署情報，轉報莫斯科。因此蘇聯於一九四五年八月六日，抓住美國在日本廣島投下第一枚原子彈機會，於八日對日宣戰。九日，美國在長崎投下第二枚原子彈後，蘇軍即於同日對東北日軍發起攻勢，數日就全面擊潰關東軍經營數十年的防禦體系，佔領東北和朝鮮半島北部地區。

毛澤東在權力已鞏固後，仍寢食不安，深怕國府的滲透，危及其和中共的安全，所以在鬥跨王明和取得「定於一尊」地位之後，馬不停蹄，即於一九四三年四月將「整風運動」擴大為「搶救失足者運動」（簡稱「搶救運動」），再演變成審查幹部的「反特鬥爭」，目的無他，就是要揪出潛伏的「國特」。從四月起到七月止的三個月內，經過「逼、供、信」，竟然逼出了上萬名「國特」。周恩來感慨的說：「他派駐重慶工作，那裡的國民黨職業特務不過幾千人，而延安總共三、四萬人，就挖出上萬名特務，真叫人不可理解。」毛澤東也自知搞過頭，只好下令停止「搶救運動」，釋放了百分之九十以上被冤枉的「國特」，但被屈打成招或栽贓陷害為「國特」，和已被冤殺或被逼自殺，有冤難伸的，大約也有數百上千人了。這些「國特」指的就是「軍統」和「中統」的特工人員，而負責這項「搶救運動」抓「國特」的劊子手就是康生和

「中央社會部」，康生因搞「搶救運動」搞得聲名狼藉，積怨甚多，在中共「七大」之後開始失勢，又因為他在延安騎馬摔傷腦神經，久病未癒，一九四六年底不得不離開延安到晉綏搞土改，「中社部」和「中情部」就由李克農接任部長。

筆者於二十世紀六〇年代初進國府前「情報局」（抗戰勝利後「軍統局」更名為「保密局」，遷臺後再更名為「情報局」）時，即聽到許多高階資深前輩說：「戴笠在中共內部布建的高級內線，大多是他親自吸收派遣，一律單線聯絡，也只有他指定的居間人能夠聯繫，並直接對他負責，而且這些人並非自軍統現職情報員中遴選派遣，沈之岳就是一個例子。所以戴笠空難殉職後，他布建在中共組織內的諜員幾乎都失聯。」

據蔣介石貼身侍從翁元口述歷史《我在蔣介石身邊的日子》一書中說：「戴笠領導軍統局時，講究單線領導，所以他的意外死亡，軍統局內沒有人能夠立刻接替他的工作。他的繼任者……根本搞不清楚當年戴笠到底布了那些線。」戴笠殉國時年僅五十歲，正值壯年，他絕未想到一場墜機意外，造成了不知多少在中共內部布置的內線，從此斷線。中共前副主席、毛澤東欽定接班人林彪，據情報界前輩說：即戴笠佈署的內線，因戴笠殉國，與國府失去聯繫管道，只得效忠毛澤東，從東北打到海南，成了中共建政大功臣（請詳拙作《林彪的忠與逆──九一三事件重探》）。

另據旅美作家鄭義所著〈一百個偶然演變成一個必然──論國民黨為什麼敗走台灣〉一文說：「戴笠殉難翌日，中共在延安舉行慶祝大會，周恩來講話說：『戴笠之死，使我們革命可以提前十年成功』」；即使毛澤東的好友章士釗（曾任北洋政府司法總長兼教育總長，一九二〇年資助過毛澤東兩萬大洋。一九四九年四月赴北京參與國共和談後投共。同年六月，章士釗致函勸說湖南省主席程潛投共。中共建政後，出任政協和人大委員，中央文史研究館館長），身為國民黨的反對派的輓聯也說：「生為國家，死為國家，平生具俠義風，功罪蓋棺猶未定；譽滿天下，謗滿天下，亂世行春秋事，是非留待後人評」。蔣介石輓聯：「雄才冠群英，山河澄清仗汝績；奇禍從天降，風雲變幻痛予心」。一九五〇年三月十七日在戴笠殉職四週年紀念會上，蔣介石更沉痛地說：「戴雨農（戴笠字雨農）同志不死，我們今天不會撤退來台灣。」

中共曾宣傳說國民黨特務打不進延安，事實如此嗎？

一九三七年四月，周恩來準備去西安與國府談判，途中被國軍伏擊。中共承認：「敵人在延安布置了一些耳目，南門附近的『坐探』馮長斗將情況報告了活動在南線的政治土匪（指國軍）。周恩來乘坐的卡車剛剛駛到延安與甘泉交界的勞山，遭到土匪的突然襲擊。我方犧牲很大」，「最後僅周恩來等四人徒步回到延安城外的三十里舖」。「在向陝甘寧邊區滲透的敵對勢力中，有日本特務，也有國民黨特務，日特、中統、軍統三股勢力都把魔掌伸向了延安。」

一九三九年九月戴笠曾在離延安不遠的陝西漢中開辦「特訓班」，以「天水行營遊擊幹部訓練班」的名義為掩護，招訓陝甘寧邊區當地知識青年。訓練後遣返老家，相機報考延安中共「抗大」等學校。因而順利打入延安，分別滲透進入中共軍委二局（軍委情報部門）、陝西省委、邊區保衛部門、綏德專署、隴東專署等諸多要害部門。

一九四三年毛澤東在「反特鬥爭」期間，採取了「寧願錯抓錯殺，也不放過一個國特」的恐怖作法，證明當時「軍統」對中共滲透之深廣，據中共公佈當時光是偵破抓獲「軍統」的「漢中特訓班」滲透延安，潛伏的「特務」就達三十二人之多。

難怪讓毛澤東對「國特」感到害怕，不惜將「反特鬥爭」無限擴大化。毛澤東一生都怕國民黨特務，也成了他在奪取政權後，歷次政治運動中的鬥爭工具，加在被他打倒的建政功臣頭上，如貴為「國家主席」的劉少奇被打倒後罪名之一的「國民黨反動派的走狗」，其實就是「特務」，在《林彪、江青反革命集團案》的「判決書」中，就指控江青「製造誣陷劉少奇是叛徒、特務、反革命的偽證」，如果不是毛澤東唆使，江青敢說劉少奇是「特務」嗎？。

一九四三年毛澤東的「反特鬥爭」中，即使曾破壞了一些「軍統」部署的特工組織，但戴笠係於一九四六年三月十七日空難意外死亡，以他的剛毅個性和對情報工作的熱誠與才能，在這三年中，必然會繼續加強對中共內部的布建。

一九四五年十月抗戰勝利，中共為全面展開叛亂，奪取政權，特別指示在各「中央局」、分局和「中央軍委」下分別設立「國軍工作部」，專責對國軍的情報和策反工作。中共對國軍將領策反有三個重要的成功案例：

第一例：郭汝槐。郭汝槐是黃埔畢業學生中被中共吸收擔任內奸，對國府傷害最大的國軍將領。他是黃埔五期畢業，在國民黨「清黨」後，才在一九二九年秘密加入共黨，但在次年派赴日本留學期間與中共失去聯絡。回國後，進入陳誠的十八軍發展，受到陳誠重用，節節升官。

一九四五年抗戰勝利前，中共「中社部」負責軍情工作的任廉儒透過堂弟任逖猶，以黃埔同學關係與郭汝槐聯繫上，交由「南方局」負責人董必武說服郭汝槐潛伏在國軍中擔任內線。此後郭汝槐在陳誠保舉下，先後擔任了國防部五廳（計劃）和三廳（作戰）廳長，他利用職務之便，將國軍的大量軍事機密提供給中共。一九四八年十月，蔣介石決定「守江必守淮」，集中優勢兵力於徐州、蚌埠之間的津浦鐵路兩側，與共軍決戰。郭汝槐將其所擬定「徐蚌會戰」（中共稱「淮海戰役」）的具體作戰方案，在尚未下達前線國軍前，已先送交中共。郭汝槐還屢次影響蔣介石變更作戰方案，放棄堅守蚌埠，改在徐州外圍作戰，增加了國軍在移動中被共軍分割圍殲的機會，導致「徐蚌會戰」國軍兵敗如山倒，從此一厥不振。中共稱：「郭汝槐傳送的軍事情報，對解放戰爭的勝利有著難以估量的作用。」

「徐蚌會戰」後，郭汝槐仍續獲得蔣介石和陳誠的器重和信任，一九四九年七月被任命為七十二軍中將軍長，再升任二十二兵團司令，負責保衛四川。十二月，郭汝槐在宜賓率部叛變，徹底破壞了蔣介石固守大西南的計劃，國府被迫退據臺灣。

「徐蚌會戰」被俘國軍將領杜聿明早就懷疑郭汝槐的身分，但未引起蔣介石的注意。國府遷臺後，曾有報紙稱：郭汝槐「為國府運籌帷幄之中，讓中共決勝千里之外」，「一諜臥底弄乾坤，兩軍勝敗已先分」。

為中共打天下立下汗馬功勞的郭汝槐，在中共建政後，未受到重用。毛澤東在一九五五年實行「軍銜制」時，也未授予他軍銜，只任命為「川南行署」副局長級別的「交通廳長」。自此以後，他的日子只能用「慘無天日」來形容：在「鎮壓反革命」運動中，他被指為潛伏的國民黨特務組長，被免去廳長職務；「肅反」運動時，仍因此遭到關押審查；一九五七年「整風運動」中，被打為右派，遭到激烈批判鬥爭，降職降薪發配農場監督勞動改造；「文革」時，再遭殘酷批鬥，抄家遊街。國共內戰期間被俘的國軍將領，於一九五九年獲釋後，寫了一本《國民黨將領淮海戰役親歷記》，強烈透露對郭汝槐的不齒，和恨之入骨的心態。郭汝槐在這種長期生不如死的日子裡，曾否反悔背叛對自己無比信賴的蔣介石、陳誠和同袍？即使有之，也悔之晚矣。他在一九九七年在重慶因車禍去世，中共仍未給予他應有的回報。

第二例：劉斐。劉斐，廣西南寧講武堂和廣東西江講武堂出身，後赴日留學，畢業於日本陸軍步兵專門學校和陸軍大學。據曾任國軍前新六軍軍長的羅友倫將軍回憶：「前國防部第二廳廳長楊宣誠曾告訴他：『劉斐是共產黨，在日本念陸軍大學時加入的』」。劉斐原任職桂系軍閥，並受重用，抗戰爆發後轉入國府軍事委員會，先後出任中將作戰組長、軍令部作戰廳長、次長，和國防部參謀次長等要職。他以軍事戰略見長，受知於蔣介石。劉斐擔任參謀次長時，將他直接參與計劃的第二次國共多場戰役，包括第七十四師進攻山東、豫東戰役、國共三大戰役等國軍軍事佈署，和作戰計劃，秘密提供中共。特別是三大戰役中，共軍根據劉斐的情報，完全掌握國軍戰略意圖和行動，因而能夠避實擊虛，瓦解了擁有現代化武器的國軍，斷送了國府的江山。中共「人大」前副委員長程思遠（潛伏桂系地下黨員）在劉斐女兒劉沉剛所撰《劉斐將軍傳略》一書序言中透露：劉斐「存心作出了許多錯誤的部署和獻議，使國民黨軍受到非常不利的後果」。

一九四九年四月，代總統李宗仁派劉斐以軍事顧問身份隨同和談代表張治中等人赴北平與中共談判，達成《國內和平協定》。但李宗仁拒絕簽字，劉斐隨即與和談代表於四月二十四日在北平公開投共。南京陷共後，劉斐秘密由北平經香港，於六月初潛赴廣州策反李宗仁、白崇禧未果，隨即返香港與滯港的國軍高級將領、軍政要員等四十四人於八月聯署發表《我們對於現階段中國革命的認識與主張》，宣佈投共。中共建政後，劉斐的際遇強過郭汝槐，他曾任中共「國防委員會」委員、「政協」副主席、「人大」委員、「民革」副主席、中南水利部部長等職。「反右」鬥爭時，有人批判他右傾腐化。毛澤東說：「今天我們能夠解放全國，劉斐同志是曾經立下了大大的功勞的，因為他曾經冒了非常大的危險，勇敢的把國民黨所有的軍事作戰計劃，通通供給了我們，我們才能按原定計劃把國民黨打垮」。但在文革時，劉斐也難逃與郭汝槐相似命運，被抄家、罰跪、毒打。其妻伍淑英被剪掉頭髮，只好戴上帽子遮醜。一九八三年四月劉斐在北京逝世。

第三例：韓練成。韓練成出身西北馬家軍，被「授予」黃埔三期學歷，曾任蔣介石侍從參謀、國軍師長、軍長。他在一九四二年即與周恩來有聯繫，抗戰勝利後，於一九四六年十一月先後在南京和上海與周恩來、董必武（時二人為駐南京中共代表團正副團長）見面，被策反擔任內奸。韓練成將當年十月蔣委員長在最高軍事會議上指示對中共作戰之戰略計畫內容提供中共，並透露將率整編第四十六師自華南北上山東萊蕪一線。董必武指示韓練成：「掌握好部隊，伺機配合解放軍行動」，並交付與陳毅的華東野戰軍秘密聯繫辦法。韓練成率部北上後，與陳毅部取得聯繫，並安置中共秘密聯絡人進入部隊中。

國軍第四十六師（美式裝備），為李仙洲兵團主力之一。一九四七年一月，國軍與中共華東野戰軍於沂蒙山區爆發「萊蕪戰役」。戰前，華東野戰軍指示韓練成於陣前「率部起義」，但因戰況瞬息萬變，韓練成無法陣前倒戈，於是照共軍指示之備案，突率師部十二名親信領導幹部擅離指揮崗位，頓使第四十六師陷入群龍無首之混亂局面，士兵奔逃，徹底打亂了李仙洲的作戰計畫，導致國軍全線動搖。共軍抓住戰機，迅速出擊，不過數小時，國軍潰敗，李仙洲等二十一位將領被俘。

「萊蕪戰役」後，韓練成受中共指示返回南京。他欺騙蔣介石說：係喬裝平民、趁亂逃出共軍包圍圈，經青島回到南京。不但未引起蔣介石的懷疑，還稱讚他是「萊蕪戰役唯一生還的英雄」。

一九四七年三月，韓練成調任國府參軍處任參軍，參與蔣介石的軍事機要。下旬，國軍吸取「萊蕪戰役」教訓，集中六十餘萬國軍，進逼華東解放軍。五月十三日「華野」以奔襲手段，切斷張靈甫將軍的整編七十四師（美式裝備）與周邊部隊的聯繫。張部進占孟良崮山頭，固守待命轉移。韓練成卻在關鍵時刻對蔣介石說：「共軍善打運動戰，我們在魯南（萊蕪）就是在運動戰中吃的虧。」蔣介石乃命令七十四師堅守待援，藉以吸住共軍，由國軍自外圍反包圍共軍，以殲滅共軍陳毅部之主力。陳毅因有韓練成提供之情報，於是集中九個主力縱隊共二十萬兵力，以四個縱隊阻擋約四十萬國軍的反包圍，另五個縱隊以優勢兵力，傾全力圍攻七十四師。七十四師血戰三晝夜後被殲滅，華東野戰軍攻佔孟良崮主峰，張靈甫將軍陣亡殉職。此即著名「孟良崮戰役」。

「萊蕪戰役」後，整編四十六師有位團長逃回，和一位「華野」團級幹部投誠，都提出韓練成在萊蕪戰場的可疑之處。杜聿明因而向蔣介石報告：「如果韓練成不是共產黨倒還罷了；如果是，那咱的計畫、戰報都在他皮包裡，他又天天跟在校長（指蔣介石）左右，這個仗咋個打法？」但蔣介石認為杜聿明告狀，是因杜韓二人不和，故未聽信，亦未追查。一九四九年初，韓練成與中共電臺通訊的密碼，被「保密局」偵獲破解，但尚未採取逮捕行動，卻被張治中（國共和談國軍代表，投共叛將）獲悉，搶先秘密安排韓練成前往香港，順利脫逃。

後來毛澤東在北京對韓練成說：「蔣委員長身邊有你們這些人，我這個小小的指揮部不僅指揮解放軍，也調動得了國民黨的百萬大軍啊！」

一九五五年，毛澤東授予韓練成共軍中將軍銜。國民黨黨史一位專家即抨擊韓練成是「導致神州陸沉的軍事共諜」。

四、滲透胡宗南部　中共中央因後三傑倖免被殲

一九二八年，周恩來赴蘇接受「契卡」特工訓練，將「契卡」的三大任務：「打入敵人內部蒐集情報、籌款、制裁叛徒」，照搬回來，成了中共「中央特科」的任務。

一九三八年後，毛澤東雖已奪得機要、情報和保衛工作權力，但因周恩來在毛與王明鬥爭時，支持了毛澤東，而且周恩來有豐富的情報和統戰工作經驗，在「中社部」、「中情部」中仍有大批與周恩來關係密切的特工幹部，如李克農、潘漢年等人，所以毛澤東仍讓周恩來分管和領導「國統區」的特務工作。抗戰時期，周恩來曾以中共代表身分派駐重慶，主持「南方局」，仍秘密負責對國府的滲透和情報蒐集。

在這時期，他對中共情報工作的指導，已不

同於「特科」時期，開始比較細膩，層次也逐漸提高，譬如：

（一）將情報工作和統戰工作相結合。周恩來認為選擇對蔣介石不滿的中上層國民黨黨員和社會各界人士進行統戰，是獲取情報重要的來源之一，也為情報工作提供了廣泛的社會基礎。所以他提出情報人員要廣交朋友，「以統戰帶動情報」、「寓情報於統戰中」。周恩來強調這是中共有別於國民黨情報工作之處。所謂「統戰」照中共的解釋是「為了反對主要敵人，同其他革命階級、革命政黨和團體，以及一切可能團結的力量結成的聯盟」。過去國民黨不懂「統戰」，往往容不下異議，常把朋友變成了敵人，讓中共檢了便宜。

但是在戴笠領導下的「軍統」，卻恰恰相反，他不但能容人，而且會團結敵人內部的人，成為己用。最著名的例子，就是毛澤東的親表弟、老共產黨員文強將軍，戴笠能夠禮賢下士，親自拜訪，說服他參加軍統工作，後官至中將。再如中共創黨代表、紅四方面軍領導人張國燾，因被毛澤東排擠，脫離中共後，受戴笠重用，從事對中共情勢研究和策反中共幹部工作。所以在「軍統」到後來的「保密局」、「情報局」，有不少重要幹部，都是高階中共投誠人員，如中共「臺灣工委會」負責人蔡孝乾和其重要部屬多人。只是戴笠沒用「統戰」一辭，但作法則超越了中共「統戰」所局限的「團結」和「聯盟」狹窄範圍，更以「同志」相待，不分彼此。

然而中共確實將統戰和策反工作緊密結合一起，稱為「統戰策反」工作，並成為中共情報機構重要的任務，此所以中共中央將「統戰部」歸屬於情報機構。而且自第二次國共合作開始，中共即設法盡可能與國軍將領保持秘密聯繫，並通過各種管道策動這些將領投共，提供國軍作戰情報，和在陣前叛變等，使國軍在一九四八、四九年時，蒙受重大傷害，軍事節節失利。

時至今日，中共將統戰與情報（策反）工作結合的思想，仍然不變，但當前對臺情報工作，

「統戰」成分少了，大多數被中共情報機構吸收的「共諜」幾乎都是被威脅、利誘所迫受到利用，中共從來不信任這些人。

（二）周恩來非常強調交朋友的重要，他說「情報工作要通過交朋友，通過往來談話做工作；要建立據點，建立關係，深入社會；要見縫插針，做串門子的生意；擴大了團結的基礎，即擴大了工作開展的可能」。他並舉在重慶時工作經驗：「我在重慶時還不時做情報工作，我經常到蔣介石、馮玉祥、賀耀祖（上將，國府軍委會委員長侍從室第一處主任，一九四九年投共）家」。蔣介石日理萬機，內心堅決反共，沒有可能與周恩來經常見面，更何況是允許他去官邸，周恩來顯然是自我臉上貼金，誇大其詞。

廣交有用的朋友，並保持交往，的確是開展情報工作觸角，蒐集情報，和吸收工作人員，拓展組織的重要手段。周恩來只要談到情報工作，他都會強調「交朋友」的重要性。

（三）周恩來要求情工人員要做到「三勤」和「三化」兩原則。所謂「三勤」是「勤學、勤業、勤交友」；「三化」是「職業化、社會化、合法化」，重心是「職業化」，周恩來認為在「國統區」，情工人員如果沒有職業掩護，不可能做到社會化、合法化，更不用說長期埋伏，蒐集黨所需要的情報。周恩來的「三勤」和「三化」，確實是做為一個情工人員的基本素養，這也是世界各國情報機構培養情報員的基礎課題。

（四）周恩來為鼓勵中共特工人員打進「敵人內部」，常說「不入虎穴，焉得虎子」。以情報工作術語來說，就是建立內線，其手段不外「拉出來」和「打進去」，在抗戰期間，國府黨政軍人事制度不健全（甚至可說是無制度），只要有人事關係就可輕易進入國府黨政軍組織，因此中共特務滲透打進國府各類組織，輕而易舉。

（五）三教九流都可吸收參加工作，但「必須同流而不合污，入淤泥而不染，實行革命的兩面政策」。所謂「革命的兩面政策」，是指可利用，但不可信任，也就是要防範這些人的「反革命性」，並與之鬥爭。戴笠在世時，運用全國各地著名幫會開展敵後工作，卓有成效。在抗戰期間活躍於淞滬地區敵後的「忠義救國軍」中至少有一個縱隊，即由不滿日本侵華之上海幫會人士組成，曾給予日軍重創。青幫領袖杜月笙甚至是「軍統」少將，對「軍統」在上海諜報工作協助頗多。政府撤臺後，前「保密局」和「情報局」也曾透過港澳、東南亞、日本幫會力量開展大陸工作，貢獻甚大。

可惜國府只因為「江南案」單一個案就禁止情報機構與忠貞愛國幫會接觸和運用工作，不知錯失多少大陸工作機會，令人有「因噎廢食」之感，十分不智。而中共迄今仍運用港澳、東南亞和臺灣本地幫會力量，發展對臺工作。中共「公安部」前部長陶駟駒就曾公開讚揚「香港黑社會是愛國的」，香港「回歸」前他曾經動用香港「三合會」等黑社會組織，確保回歸順利。一九五五年周恩來出席印尼「萬隆會議」，和一九六四年劉少奇夫婦訪問印尼，「公安部」就曾動員印尼僑社派出的八百名兄弟保護。一九九一年楊尚昆訪問泰國，陶駟駒又通過僑團出動「江湖弟兄」兩千人保護。

（六）中共派遣特務打入國府，最重視的職位是機要職務，如前述國民黨「中央調查科」徐恩曾的機要秘書錢壯飛、楊虎城任陝西省主席時之省府秘書長南漢宸（中共建政後首任人民銀行行長，文革時受迫害自殺）、白崇禧的機要秘書謝和賡（文革時被迫害精神失常）。抗戰期間中共續有三個特務成功的打入胡宗南部，並成了胡宗南親信，即所謂「後三傑」，其中一位熊向暉便是胡的機要貼身秘書。另外還有一位女特工沈安娜打入國民黨中央黨部任機要速記。

抗戰勝利後，中共展開全面叛亂，中共稱之為「解放戰爭時期」，周恩來任中共中央軍委副主席，兼任「中央城市工作部」部長，並領導「中央情報部」（含中社部）工作。「城工部」統管中共黨在「國統區」的工作，名義上是幫助中國共產黨在城市中發展組織，實質上是藉吸收新黨員，開拓特務人員的來源和蒐集情報；「中情部」則負責國民黨黨政軍情報和統戰策反工作。中共認為這一時期的情報工作在「周恩來正確指導下全面鋪開，取得卓越成就，可以說是發展的最高點。」

一九四五年十月二十五日，中共中央指示：「為了在國民黨軍隊中進行強有力的系統工作，達到戰勝它的目的，中央決定在各中央局和分局下設國軍工作部，中央軍委內設國軍工作部，專門進行國民黨軍隊中的工作。」

中共從抗戰前後到叛亂時期，對國府黨政軍的滲透，的確對國府造成極大傷害，除前述的一些高階將領外，中共對國府機要職務滲透的成功，再次幫助了中共避開被國軍圍剿滅亡的危機，並能在叛亂期間取得國軍部署和兵力等戰略情報，使國軍處於不利地位。毛澤東也承認這個時期「我們的情報工作是最成功的」，「對取得中國革命在全國範圍內的勝利起了重要作用」。

抗戰八年，蔣委員長派黃埔一期胡宗南將軍在西北屯軍，培訓幹部，主要任務是「看住共產黨」，因而有「西北王」之稱。中共為防範胡部，於一九三七年就設法在胡宗南身邊「布下『閑棋冷子』熊向暉」，熊向暉後來成了胡將軍的侍從副官，機要秘書，「將蔣介石密電胡宗南閃擊延安的時間、作戰意圖、進攻路線、兵力部署等均事先報告了『中情部』」。

熊向暉於一九三六年就讀清華大學時，秘密加入中共。七七事變後，熊向暉隨校疏散至湖南長沙。一九三七年十二月，南京被日軍佔領，周恩來指示他報名參加預定派胡宗南部服務的「湖南青年戰地服務團」，熊把握胡宗南點名和約見時機，極力表現，獲得胡賞識。董必武（中共「一大」代表，周恩來主持情報工作的主要助手，時駐武漢共軍辦事處）告訴熊向暉：「你就是周恩來籌劃的『閑棋冷子』」，指示他：不要急於找「黨」，在「黨」未主動聯繫他前，絕不可離開胡部；隱蔽中共黨員身分，不發展黨員，並加入國民黨；在國民黨內，同流而不合污，出污泥而不染。

一九三八年五月，胡宗南保送熊向暉入西安中央陸軍官校第七分校（陸官十五期，胡宗南為分校主任）就讀，熊之父母當時逃難至四川，經胡宗南安排移居西安，給予生活費用，並親去探視。一九三九年三月，熊向暉軍校畢業，胡宗南即派其擔任侍從副官兼機要秘書，給予充分的信任和重用。但熊向暉從未因胡宗南對其和家屬之照顧，而萌生感恩圖報之心，始終心向中共，只把胡宗南當作工作掩護工具，等待中共派人聯繫。

熊向暉在胡宗南身邊立足穩定後，毛澤東的秘書曾三曾到西安找過熊向暉數次，以瞭解胡宗南的「政治態度」，未正式交付任務。一九四〇年夏，「中情部」派遣高階特務王石堅到西安，建立秘密電臺，負責聯繫指導熊向暉工作。熊向暉在中共「隱蔽精幹，長期埋伏，積蓄力量，以待時機」策略下，作了兩年半的『閑棋冷子』，終於正式開始了工作。

一九四三年，胡宗南已升任第八戰區副司令長官。五月「共產國際」解散，蔣委員長密令胡宗南於六月底前完成進攻延安部署，準備收復中共佔領的「陝甘寧邊區」，攻擊發起日，預定為七月九日。熊向暉透過王石堅及時將情報報告延安。當時中共在延安兵力只有一個保安團和一個警衛團，無力抵抗國軍的攻擊。毛澤東在情勢緊急之際，指示朱德於七月四日致電胡宗南抗議，籲勿輕起戰端。同時大肆向國內外宣揚，呼籲停止內戰。閃擊延安行動，因事機洩漏而被迫取消。胡宗南雖認為有人洩密，但未懷疑到熊向暉。

七月十日，周恩來自重慶返回延安途經西安，首次與熊向暉見面，指示：「對黨要忠誠，對敵要狡滑；有所為，有所不為；抓大不抓小，注意戰略動向，主要著眼保衛黨中央」。

一九四五年抗戰勝利，胡宗南推薦熊向暉胞兄到蚌埠找到工作，又再次幫助其父母遷居南京，並決定公費保送熊向暉赴美留學。一九四七年一月，熊向暉與女友，也是中共特務諶筱華結婚，胡宗南特請蔣經國證婚。即使在熊向暉赴美後，共諜身分已曝光，仍然要求胡宗南匯給他生活費九百美元，胡宗南胸襟寬宏，厚待部屬，照匯不誤，而熊向暉依舊不思圖報。即使在後來，他將潛伏胡宗南身邊工作情形，撰寫成《地下十二年與周恩來》一書發表，也看不出有任何對胡宗南感恩之意，還揚揚得意成功欺騙了胡將軍。

熊向暉婚後，前往江浙一帶，候船赴美留學。三月初，胡宗南將他緊急召回，告知要打延安，將《攻略延安方案》和《陝北共軍兵力配置》機密文件交其處理，責其起草收復延安後的「施政綱領」。三月三日，熊向暉透過王石堅將進攻延安軍事行動計劃報告中共中央。中共因掌握了情報，將中共中央撤出延安，避開了被殲滅危機。周恩來因而讚嘆：「真是好樣的！關鍵時刻又一次保衛了黨中央」，毛澤東更讚譽：「熊向暉，一人可頂幾個師」。

陳忠經北京大學經濟系學生，曾任學生會主席，並加入中共外圍組織「社聯」。一九三七年與熊向暉，同時參加「湖南青年戰地服務團」，也獲得胡宗南的信任，出任三民主義青年團陝西省支團書記。但陳忠經卻於一九四〇年在西安秘密加入中共的特務工作，並藉三青團青年組織負責人的身份，活躍於西安社交。陳忠經的父親陳延暉，時任國府軍委會軍令部長徐永昌之少將主任秘書，陳忠經乘其父多次陪同徐永昌從南京到西安視導胡部機會，前往乃父下榻賓館同住，偷抄父親機密文件，提供中共。

一九四〇年夏，中共派王石堅赴西安工作，由陳忠經掛名董事長成立一家「研究書店」為掩護，由王石堅任經理，建立起中共西安情報機關，負責聯繫和指導熊向暉、陳忠經、申振民三人的工作。一九四四年，陳忠經還接辦了在西安頗有影響力的《新秦日報》。

陳忠經雖在抗戰期間為中共效盡犬馬之勞，但在文革時卻被打為「敵特」（潛伏的胡特），飽受殘酷鬥爭，被打得遍體鱗傷，若非周恩來在最後關頭出面干預，他才沒有被殺害。文革結束後平反，出任中共「中央調查部」顧問，後升任副部長，二〇〇九年病逝。

申振民原為北平師大學生，「七七事變」後於一九三七年秋，隨校遷往西安，參加學生戰地服務團，不久該團與「湖南青年戰地服務團」合併為第一軍（軍長胡宗南）「隨軍服務團」，留在胡部工作，他刻意表現極為「反共」，而受到胡宗南重用，出任三青團西安市分團部幹事長兼書記。但他卻在一九三八年五月，被中共秘密吸收，加入共產黨特務工作。抗戰勝利時，申振民已升任胡宗南總司令部黨政處上校參謀。

一九四〇年，申振民曾協助「中情部」特務羅青長（時以八路軍西安辦事處機要祕書為掩護，負責西安地下工作，中共建政後曾任中共中央調查部長）秘密調查陝西省「三青團」的情況，並撰寫《陝西省三青團概況》調查報告，毛澤東據以作為制定對「國統區」青年統戰工作政策之重要參考資料，決定把「三青團」列為統戰爭取對象，而不作為打擊對象。

申振民與熊向暉、陳忠經三人在西安初期，互不知悉彼此真實身份。直到王石堅抵西安後，熊、陳之間才建立工作關係，此後熊向暉的情報，多數通過陳忠經傳送給王石堅，熊、王會面也多在陳忠經住處。抗戰結束後，熊向暉的三姐熊友榛，經胡宗南介紹與申振民戀愛結婚，熊向暉才知道申振民的共諜身份。

抗戰勝利後，熊、陳、申的共諜身分，係在被胡宗南保送三人赴美留學後不久，「保密局」於一九四七年十月偵破王石堅共諜案，身分才曝光。而三人在一九四九年後，分別返回北京，受到重用，文革時也遭受不同程度的迫害。

周恩來曾說：「我黨打入國民黨內部的情報人員工作卓越，李克農、錢壯飛和胡底屬於前三傑；解放戰爭期間，又有三位突出的情報人員（熊向暉、陳忠經和申振民），同樣一人能敵萬千軍，創造了情報工作的奇蹟，他們就是後三傑。」

王石堅本名趙耀斌，一九三二年在北大加入中共，次年被捕判刑入獄，因第二次國共合作獲釋，前往延安。一九四〇年夏，由「中情部」派往西安，負責領導熊向暉、陳忠經、申振民工作，並發展情報組織，建立起以西安為中心，擴及北平、保定、瀋陽，和蘭州等的情報網，是當時「中情部」布建在「國統區」最大的情報組織。王石堅在西安也成功打入胡宗南長官部擔任密電主任，並開設「研究書店」出任經理，作為掩護和交通據點。

一九四七年九月，國府「保密局」偵聽到北平一個非法電訊信號，保密局行動處處長葉翔之（後出任情報局局長兼國民黨中央第二組組長）派出具有飛簷走壁功夫的情報員段雲鵬，逐屋偵查，因而偵破王石堅佈置在北平之地下電臺，捕獲共諜四人，和搜出大量電報底稿。四人供出負責人王石堅身分，王石堅遂即在西安被逮捕。

王石堅被捕後，坦承為「中情部」情報人員，負責領導的華北、西北、東北等地區情報組織，自認是「背叛國家，危害民族的罪人，願以萬死難贖之身為國家再做貢獻」，並撰寫《自白書》供出北平、承德、西安、瀋陽等地全部組織和五部地下電臺地址、各地負責人、報務員、譯電員、交通員，和工作人員名單。「保密局」循線迅速搜捕了各地之中共特務，共逮捕了中共地下工作人員四十四人。但熊、陳、申三人，則已在這年七月前，分別赴美留學，僥倖逃過被捕。

國府遷臺後，王石堅隨保密局來臺，恢復本名趙耀斌，初擔任上校專門委員，再晉升少將，並在臺結婚生子，退休後安享餘年，在臺病故。趙耀斌若非政府寬大赦免其重罪，並予重用，如仍留在中共體制內，文革時必遭迫害，尤其他年輕時曾被國府逮捕並獲釋，命運更是難測。

熊向暉在就讀大學時，思想就已深受中共影響，而且根深蒂固到難以動搖，即使胡宗南對他再好，即使胡宗南愛屋及烏照顧到他的父母兄姐，即使中共在他潛伏胡部十二年期間從未給過他一分一厘（熊承認一九四九年自美回大陸，在天津才「第一次用黨的錢」），也未能改變他對中共的執迷。陳忠經、申振民二人也是在學生時期左傾，因而進入胡部（同時仍繼續讀大學）後，很輕易的為中共吸收。在國家動蕩的年代，年輕人多不滿現況，內心思變，因此理想高，而不過分計較物質需求，結果給予中共可乘之機，以烏托邦式之遠景蠱惑這些涉世未深的青年，收效也大。這些青年只要陷了進去，就無法自拔。此所以，共產思想自在中國宣傳開來，就是以年輕知識份子（尤其是學生）為對象。熊、陳、申三人都是在這種情形之下，為中共所用。也因為他們都是以「愛國學生」進入胡部，讓人難以懷疑他們的共諜身分。

另外一個重要案例，就是女共諜沈安娜成功打入國民黨的中央，擔任機要紀錄工作。

沈安娜中學畢業後，因家貧無力升學，於一九三四年，選擇就讀學費低廉的短期中文速記學校，以利早日就業。一九三五年，她二十歲時被中共「中央特科」吸收工作，同年打入浙江省政府任速記。沈安娜字寫的漂亮，且速記快，受到浙江省主席朱家驊的賞識。沈女利用擔任會議速記工作，提供「特科」不少有價值情報，因此中共特意安排她與交通員華明之結婚，以利掩護和交通傳遞。

抗戰軍興，朱家驊升任國民黨秘書長，董必武指使沈女於一九三八年利用朱家驊的關係，成功打入國民黨中央黨部秘書處機要處當機要速記員，並指示她「長期隱蔽埋伏下去」。也因朱家驊關係，沈安娜受到機要處的重用，擔任了國民黨中央常務委員會重要會議的速記。

一九三九年一月，國民黨召開五屆五中全會，沈安娜奉命擔任速記員，並負責保管會議的有關文件，她將會議機密文件大量送交中共，其中最重要的兩份機密文件為《防止異黨活動辦法》（後改為《限制共產黨活動辦法》）和《關於共產黨的處置辦法》。毛澤東將其編入《磨擦從何而來》的小冊子廣泛宣傳，指責國民黨是造成國共磨擦的根源。

此後，國民黨中央常務委員會和中央全會的會議都由沈安娜擔任速記。同時還擔任國民政府委員會、國防最高委員會、最高軍事會議以及蔣委員長在中央訓練團講話的速記工作。因表現良好，後來舉凡蔣委員長主持的會議，沈安娜都是速記的不二人選。她蒐集的國府重要情報，都由其夫華明之送交駐重慶的周恩來。

抗戰勝利後，一九四六年十一月間，蔣委員長連續召開兩次最高軍事會議，討論向中共「解放區進攻的軍事部署、兵力調配、戰區劃分、長官任免和對敵兵力」，由沈安娜負責記錄。會後，沈女將其速記迅速整理，連夜由華明之交給中共，使中共「中央能根據敵人兵力部署、進犯順序作相應的兵力調動」。

自一九四八年九月至一九四九年元月，中共已取得「瀋陽」、「徐蚌」和「平津」三大戰役的勝利，蔣總統於同年元月二十一日下野。代總統李宗仁與中共和談失敗，中共四月渡江攻進南京，政府被迫南遷至廣州。中共指示沈安娜、華明之夫婦不必隨國民黨南下。二人在南京淪陷前，偷偷離開，潛往上海，五月上海淪陷。

沈安娜潛伏國民黨長達十四年，身分未曾暴露，被中共譽為「按住蔣介石脈搏的人」。沈安娜之所以輕而易舉滲透到國民黨核心，主要原因：（一）、她年僅二十歲且剛從學校畢業時，就考進浙江省政府工作，極難讓人懷疑她已是中共「中央特科」的特務；（二）、具有速記專長，而且速度快（沈女一分鐘可記錄二百字），又寫的一手漂亮的字，在那個年代，這種人才必然會被重用，擔任會議速記；（三）、受到黨國大老朱家驊的賞識，朱當時不但是國民黨中央委員會秘書長，還兼任「中統」局長，自然受到中共重視，指使沈安娜利用朱家驊的關係，輕易打入國民黨中央，並擔任機要職務。甚至透過朱家驊的信任，進而兼任國府黨政軍特重大會議的速記員，接觸的層次和機密更高更多更廣；（四）、中共為保護沈女身分隱密，特意安排交通員華明之與她結婚，不必與中共駐重慶或南京特務機構直接接觸，而華某亦能保持低調，所以沈女能夠潛伏國民黨十四年，而身分從未被懷疑。後任職於上海「中調部」，直到一九八三年退休。

但是，一九三九年沈安娜將國民黨五屆五中全會兩份對付中共極機密的文件提供中共，被毛澤東公開運用攻擊國民黨。國民黨對這樣嚴重的洩密事件，卻毫無警覺，既未曾追查洩密管道，也未懷疑沈安娜，錯失揭開沈女共諜身分機會，豈能不敗於共產黨。當然，正因為朱家驊兼任「中統」局長關係，影響到調查人員心態，不敢懷疑更不敢調查沈女身分。所幸，在國軍兵敗如山倒之際，中共未指使沈安娜夫婦隨國府來臺，否則對退據一隅的國府的安全，或將會造成更大的傷害。

一九四八年初共軍轉入「戰略進攻」，中共急需軍事地圖，乃透過地下黨員華克之（原為國民黨黨員，一九三五年因策劃刺殺蔣、汪行動，遭政府通緝逃匿。後加入中共，從事地下工作。中共建政後，曾任內務部副部長，一九五五年受迫害入獄廿年）設法從國府國防部二廳獲得一批日軍為侵華戰爭製作的二萬五千分之一的大比例軍事地圖，分五次轉輾送往中共中央，中共特予表揚：「對解放戰爭的勝利，無疑具有極為重要的價值」。

中共中央在一九四八年決定，責成「中情部」負責策動國軍「起義」工作。經「中情部」策動「起義」的國軍將領著名的有：湖南省主席程潛、西康省主席暨川康邊防總指揮劉文輝、雲南省政府主席暨雲南綏靖公署主任盧漢、西南長官公署副長官鄧錫侯和潘文華、駐湖南長沙第一兵團司令陳明仁和「兩航起義」等叛變投共。

中共為策動程潛和陳明仁叛變，中共「華中局」社會部特派專人攜帶毛澤東致程潛的電報和林彪給程、陳二人的親筆信赴長沙，以消除二人投共疑慮，促成二逆於一九四九年八月通電叛變；劉文輝是四川軍閥，在抗戰期間已與中共有接觸，一九四九年十月中共建政當月，劉文輝即致電周恩來，請示如何配合共軍入川行動，並於十二月九日公開叛變；盧漢是經中共長期策動後，於一九四九年二月下旬致信毛澤東、朱德表示反蔣決心，並派代表到北平同中共談判，毛澤東指示盧漢於解放軍進入雲南時公開「起義」，同年十二月八日中共中央軍委發出進軍雲南的命令。盧漢即於九日軟禁赴昆明負責安撫盧漢固守雲南的總統資政張群（後釋放），並以張群的名義，邀集駐滇國軍的兩名軍長、憲兵司令、空軍司令和「軍統」雲南站長沈醉等重要將領參加「商討反共復國基地建設大計」會議，全數予以扣押，同時通電叛變。沈醉被捕後立即叛變出賣同志，向龍雲出賣當日正途經昆明準備飛臺的「保密局」西南區正副區長徐遠舉、周養浩、經理處長郭旭和總務處長成希超等四位將領被捕。這些被誘（逮）捕的將領後來都被龍雲當作伏首稱臣的禮物送交中共。

情報人員最重視的是「忠義」兩字，不但要忠於國家，還要「忠於組織」、「忠於同志」。「義」之所在，就是不能出賣組織、出賣同志，凡背棄「忠義」精神的叛徒，最為人不恥唾棄。沈醉出賣組織、同志，還沾沾自喜，出書炫耀。他只是「軍統」少將（局長戴笠也只是少將），自稱中將，他的人品如何？不言而喻。他出賣同志，並沒有為他換來赦免牢獄之災，他仍被中共以戰犯關押洗腦，到一九六〇年底才獲特赦，還厚顏無恥要求平反為「起義將領」。

03 中央人民政府成立——中共情報機構歷經多次改組

一、撤中央社會部　業務劃撥政務院和中央軍委

一九四九年十月，中共建立政權，成立「中央人民政府」，設「政務院」綜理政務，並撤銷「中央社會部」（含中情部），將該部情報、保衛工作劃分為三部分，原保衛部門編成政務院「公安部」；原海外情報工作部門編成政務院「情報總署」。這兩部門工作之所以由「黨」的情報機構改為「政府」的情治機關，是因為中共認為取得政權後，國內公安和對國外派遣特工人員已不是單純屬於「一個革命政治組織」（中國共產黨）的事，從事實和法理上都應由「政府」負責。至於「中社部」剩下的部分，則於一九五〇年十二月與中央軍委「作戰部」之「情報局」和軍委「二局」（技術偵察）合併成立軍委「總情報部」。

「情報總署」署長為鄒大鵬，原為「中社部」大連負責人，在中共取得政權之前，向「中社部」建議對國外情報工作須及早規劃準備，獲得中共中央同意，責其負責籌劃，並培訓外派國際之特工幹部（含外籍人士）。「情報總署」成立後，也即開展中共海外情報工作。當時該署的任務，主要是「設法打入蔣、美、英、朝、日本特務機關內部偵察其『敵特』活動情況、陰謀計劃，和向我區派遣人員的線索等情報」。並規定「這種派遣必須精幹隱蔽，長期打算，單線領導，不要濫竽充數，不准發展關係」。但「情報總署」只維持了不到三年，於一九五二年八月撤銷，之後中共對外情報工作集中在中央軍委。

軍委「總情報部」部長為李克農，下設情報

（軍事情報）、技術（技術情報），和聯絡（政治情報，又稱政情部）等三個部，歸總參謀長直接領導（有一說直屬中共中央領導，總參謀總部管不到）。不過因「這種組織形式有助於橫向協調，但對於提高獲得情報的能力不大」，楊尚昆（時任中共中央辦公廳主任）也說「這種體制不順」。「總情報部」因此也只維持了兩年多，於一九五三年二月裁撤，下轄三個部均劃歸「總參謀部」建制。李克農改任副總參謀長，分管聯絡部工作。

這一時期，中共的情報工作仍是由周恩來負總責，他強調「只要階級鬥爭存在一天，情報工作和安全工作就十分重要」，並說「要戰勝敵人，非有情報工作不可」。這是因為在中共全面叛亂時期，對國軍內部的滲透、策反，和軍事情報的蒐集，是共軍節節勝利的重要關鍵之一。

抗戰勝利後，因中共全面叛亂，國府為了剿共，軍費支出龐大，經濟瀕臨崩潰。蔣介石總統於一九四八年八月藉發行「金圓券」取代原有法幣，以挽救經濟，但不到三個月財政經濟即完全破產，金圓券迅速貶值幾成廢紙，社會更加騷動不安。中共於是利用國民黨內部分野心政客，要求蔣總統下野，美國政府也公開在中國策動倒蔣。蔣在考慮下野時，已準備撤出大陸，先派陳誠為臺灣省主席兼警備司令，把庫存二百七十七餘萬兩黃金、一五二〇萬枚銀元以及大量珍貴文物、檔案資料等運往臺灣，並於是年十二月三十一日召集黨、政、軍要員開會研究下野文告。一九四九年一月十日，蔣再下令將政府庫存黃金和外匯統統密運臺灣，同日「徐蚌會戰」（「淮海戰役」）結束，國軍潰敗。一月二十一日，蔣總統正式宣布引退。

國府的失敗，與內部鬥爭息息相關。一九四九年一月，蔣介石總統被迫下野，李宗仁當上代總統。李宗仁出身廣西軍閥，凡是軍閥都視個人利益高於一切，不但割據地方，不聽令政府，動輒叛變，甚者還與中共勾結在一起，西北軍的楊虎城就是最顯著的例子。所以自「軍統局」前身

「特務處」成立起，蒐集軍閥情報一直就是「特務處」和「軍統局」的重要工作項目之一，也因此各地軍閥無不視「軍統局」和抗戰勝利後改組的「保密局」為眼中釘肉中刺，亟欲去之而後快。李宗仁代總統之後，大權在握，即大幅精簡「保密局」，把擁有數千人編制的情報機構，縮減為僅有九十餘人的小單位，並免去毛人鳳的局長職務，由副局長徐志道接掌局長，隨李宗仁領導的中央政府南遷至廣州。同年十一月，再遷四川成都市時，繼續被裁減，最後只剩十來人。

當時政局十分動蕩不安，國軍兵敗如山倒，大好江山，沈淪在即。「保密局」被裁減之數千情報幹部不忍國家毀於一旦，因此堅持不散，由毛人鳳局長繼續領導，完成了對全國潛伏組織之布建後，其餘人員則全部撤臺。「保密局」在無編制、無經費，和無糧餉之下，僅靠少量同志捐出的資遣費，仍持續進行對大陸地區的情報工作，並在友軍單位（如由保密局撥出去的國防部「技術總隊」，和海軍總部等）每月撥補一些餘糧來維持工作人員和眷屬的日常生活。這種艱苦情形，足足維持了一年半，直到蔣總統於一九五〇年三月在臺復職，六月才恢復「保密局」編制，開始有了經費和糧餉。正因為「保密局」情報工作人員這種忠貞不屈的愛國情操，和在極其艱困時期，仍締造了卓越的情報工作成果，深受蔣總統的重視，對毛人鳳局長十分器重，後來予以晉任上將。

自一九四八年十一月起，「保密局」為配合政府遷臺計劃，早在蔣總統下野和李宗仁代理總統並裁減「保密局」之前，已開始在大陸各地部署潛伏人員。光在南京地區就佈置了九個工作站組和秘密電臺、兩個直屬通訊員，還有部分個別潛伏的情工人員。加上「中統」、「憲兵司令部」等機構的各自佈置，潛伏和滯留南京的「國特」，據中共稱達到三千三百餘人。實際上這些人中，絕大部分為已離退的政府黨政軍人員，被中共刻意栽贓為國民黨「特務」，予以殺害或判處重刑。

在這艱難之際，國府與中共之間的情報鬥爭並未因此而稍歇。一九五〇年十月，中共「公安部」部長羅瑞卿（原任「中社部」部長）給毛澤東的《敵情》報告中提到：「反革命確實很多，除有大批的職業特務之外，無形的反革命力量還到處大量存在」，「對罪大惡極怙惡不悛的分子鎮壓不夠，根據公安部的材料，從一九四九年一月至今年八月，約計捕獲特務二萬五千零四十一人，處死者僅六百三十九人」，「重罪輕判遲判，鎮壓不及時。如石家莊對十九號特務機關作惡多端的匪特首要王鈞，拖延至三年之久，最近始判死刑，該犯臨刑前還在公審大會上喊：『國民黨萬歲』」。

毛澤東取得政權後，一如歷代建國君王，想盡辦法屠殺前朝「餘孽」。一九五〇年六月，毛澤東在中共中央七屆三中全會的書面報告中肯定「鎮壓」反革命的極端必要性。他說：「對一切土匪、特務、惡霸及其他反革命分子，都必須堅決肅清」。其後隨著韓戰爆發，毛澤東意識到，這是一個徹底清除國內反革命分子的「千載一時之機」。因此，他在當年十月十日中共中央正式決定出兵朝鮮後第三天，親自主持通過了新的《關於鎮壓反革命活動的指示》（又稱「雙十」指示，簡稱「鎮反」運動），在全國範圍內部署大規模鎮壓反革命的工作。

毛澤東在出兵朝鮮的同時決心「鎮反」，是因為當時境內反共勢力活躍，尤其國府「特務」的秘密活動，已對中共安全和援助朝鮮軍事行動，構成了極大的威脅。據中共公佈，自一九五〇年十月到一九五一年九月一年間破獲「國特」案件北京一七七件，天津七十三件，平原省（中共建政前於一九四九年八月成立的省，轄地在魯西南、豫北、冀南銜接地區，人口一千六百萬，後於一九五二年十二月撤銷）二十二件，綏遠省六十件，河南省一八三件。《人民日報》則報導稱：「（同期間）先後被我公安部門捕獲的特務分子達一萬三千餘人，並破獲美帝國主義在中國所直接進行的間諜案件數起，繳獲的特務機關的電臺共一百七十五部。」

「保密局」在撤臺前，在大陸布建的潛伏組織，充其量應只有數千人，雖然潛伏人員都會發展組織，吸收工作人員，但應不致於如中共公布，從一九四九年到一九五一年止之兩年九個月內，所逮捕之「國特」多達三萬八千餘多人。正如毛澤東在延安時期的「反特鬥爭」，濫捕「特務」一萬多人，被周恩來譏諷為「不可理解」一樣的「匪夷所思」，其中被栽贓誣陷或屈打成招的「國特」，應占絕大多數。儘管中共內部文件，和「公安部」公布逮捕「保密局」情報人員的數字極盡誇張不實，但已證明「保密局」在國家正處於風雨飄搖，岌岌可危之際，雖被李宗仁打壓裁減，那些被裁撤遣散的「保密局」同志，在無餉無糧艱困情形之下，仍秉持忠貞不屈愛國熱忱，堅守崗位，克盡職責積極進行對敵情報鬥爭，無私無畏，為國奉獻生命的革命精神，可昭日月，真正做到了英雄無名的崇高境界。

「鎮反」時期，毛澤東認為：「匪首惡霸特務殺得太少」。因此中共中央根據毛澤東的指示，「決定按人口千分之一的比例，先殺此數的一半」。「公安部」後來在一九五四年一月的報告稱：「鎮反」運動以來，全國共捕了「反革命分子」二百六十二萬餘名，其中「共殺反革命分子七十一點二萬餘名，關了一百二十九萬餘名，先後管制了一百二十萬餘名。捕後因罪惡不大，教育釋放了三十八萬餘名」。

上述被處決的人數七十一點二萬已占當時全國五億人口的千分之一點四二，遠遠超過預定先殺的百分之零點五的人數，幾乎接近三倍之多。又據一九九六年中共「中央黨史研究室」等四個部門合編的《建國以來歷史政治運動事實》的報告中稱：從一九四九年初到一九五二年二月進行的「鎮反」運動中，鎮壓了「反革命分子」一百五十七萬六千一百萬多人，其中八十七萬三千六百萬餘人被判死刑。「黨史研究室」公布被殺的數字應比「公安部」正確，已接近總人口的千分之一點七五。

事實上被冤殺的「反革命分子」，還包括許多國軍投共官兵和中共地下黨員，也被中共趁機當作反革命分子「殺、管、關」。知名文學家朱自清的兒子朱邁先，早年參與中共地下黨活動，抗戰期間滲透進入國軍，中共叛變時期，曾策動廣西國府軍政人員「起義」，對中共卓有貢獻，卻在「鎮反」運動中被當成「歷史反革命」判處死刑槍殺；抗日名將池峰城於一九四九年投共，並策動「軍統」北平站長徐宗堯「起義」有功，仍被中共關押，一九五五年病死獄中；武俠小說家金庸的父親查樞卿、梁羽生的父親陳信玉也在「鎮反」期間被殺害。

儘管中共自一九五〇年發起的「鎮壓反革命」運動，和爾後的一連串政治運動中，「保密局」和更名後的「情報局」都損失了不少情報員，但中共並不能破獲全部組織，仍有許多潛伏的情報員和秘密電臺，與臺灣保持了長期的緊密的聯繫，對中共構成極大威脅。

在中共建政初期，「保密局」在大陸的情報工作人員犧牲雖大，但也有許多可歌可泣的事蹟，著名的案例如：一九四九年十二月六日，毛澤東為慶祝史達林七十歲生日，決定第一次出國，親往蘇聯莫斯科「祝壽」。毛澤東預定乘坐火車赴蘇的行程為「保密局」北京秘密電臺負責人計兆祥獲悉，以密電報告臺北。「保密局」密令潛伏東北的「技術總隊」司令馬耐，策劃制裁行動。馬司令提出在長春和哈爾濱火車站埋設炸藥，炸毀毛澤東專列火車計畫。「保密局」另派遣爆破行動人員張大平、于冠群二人由空軍專機載送至東北，空投到哈爾濱附近之山區，不幸空降時被中共發現逮捕，計兆祥、馬耐二人於十二月中旬被捕，四人均壯烈為國犧牲。

據《中共情報首長》一書說：一九四九年五月國軍撤出上海前，「保密局」預先佈置了潛伏組織。各潛伏組長都受過全能情報員的訓練，能夠獨立擔任無線電收發工作，光在上海部署的潛伏電臺就有九座。該書披露被中共破獲的「保密局」組織，曾有三案對中共造成嚴重傷害：

（一）上海特別組組長朱山猿上校，曾爆破上海大新公司、新新公司、永安公司、大世界等建築，並縱火、投毒、暗殺中共政要；（二）一九四九年下半年到一九五〇年二月，國軍轟炸機在潛伏人員羅炳乾少校的電臺引導下，準確地連續轟炸上海的戰略目標。一九四九年八月下旬，共軍九十八師二九三團三營二三一人被炸死炸傷；一九五〇年一月二十七日和二月六日（正月初二），炸毀上海和楊樹浦兩發電廠，使大上海陷入一片黑暗，同時期在上海市區還大量出現了「蔣總統萬歲」、「中華民國萬歲」的標語。（三）一九四九年十一月，「保密局」派遣諜員劉德全上校等六人赴上海成立行動組，計劃刺殺上海市長陳毅。劉德全甚至混進上海市府大樓察看地形，直到市長辦公室門口，都未被發現。可惜劉德全被前在上海共事的投共叛徒發現出賣犧牲。

一九五〇年，中共國慶之前，美國「戰略情報局」（OSS）駐北京諜員李安東（意大利人，在北京開設消防器材公司作掩護）、山口隆一（日人，任北京法文圖書館中文部編輯），計劃於中共建政一周年國慶當天，以迫擊炮轟炸天安門，炮及彈並已密運抵北京，組裝完成。但因李安東、山口隆一係外國人，平日就被「公安部」列為重點監視調查，不幸山口寄東京美國OSS聯繫信件，被「公安部」截獲，洩漏了十月一日之行動。「保密局」部署在北京「公安部」之內線于恩崇因參與偵察李安東等人之行動，「保密局」指示他設法將「公安部」破案時間拖延至行動之後。于恩崇雖儘力而為，但因「公安部」受到限期「十一」前破案壓力，仍提前於九月二十八日逮捕李安東等人，于恩崇也受到牽連失事殉難。

一九五一年五月八日，中共《人民日報》頭版頭條刊登《南京處決一批反革命首惡》，稱南京市軍管會將罪大惡極之「美蔣特務」三百七十六名判處死刑，其中包括「二十多年前，即以左傾文化人面貌出現」的「文化特務荊有麟」。

荊有麟（一九〇三－一九五一），山西省猗氏縣人，魯迅的學生。一九二三年，曾與中共創黨元老李大釗等人創辦《哈哈報》，次年經魯迅推薦擔任《京報》校對，並參與副刊和《莽原》週刊編輯工作。一九二六年魯迅遭通緝，逃匿德國醫院，荊有麟經常前往探視和為魯迅送食物。一九三九年，荊有麟在重慶加入「軍統」，戴笠指示他維持「左傾」文人身份，打入左派文化團體活動。抗戰期間，荊有麟在重慶曾撰寫《國共之間》一書，主張一致抗日，受到周恩來當面肯定稱讚，蔣介石也曾稱他為「最優秀的同志」。一九四九年二月五日，國民政府遷往廣州前，「保密局」局長毛人鳳親自佈置荊有麟為「潛京一分站」少將站長，配屬秘密電臺，和報務員、譯電員各一人。南京失守後，荊有麟在南京成立「新華話劇團」，表演蹦蹦戲，作為掩護。荊並與中共文化界的知名人士建立良好關係，參與中共文協代表大會，還吸收他的舊部和親屬，分別打入中共南京文工團、二野「軍大」、三野文工隊。但因活動過於積極，和電臺與臺北總臺通聯過於頻密，被中共偵聽到電訊訊號，循線查獲，荊有麟和所屬被捕，同被殺害殉難。

「保密局」行動員段雲鵬（一九〇四年生，河北冀州人），為前著名北京俠盜「燕子李三」（本名李景華）唯一傳人，身手矯健，具有飛簷走壁之本領。一九四七年，曾參與偵破和搗毀中共北平地下組織（王石堅案）的行動。一九四九年一月，中共建政前，奉命攜帶炸彈赴北京，刺殺主張與中共和談的前北平市市長何思源（炸毀何住所，重傷何夫婦），使中共在北平的地下工作遭受慘重損失。九月（北京時已淪陷）段雲鵬潛入了京津一帶，準備在十月中共建政慶典期間進行破壞和暗殺行動，因未找到下手機會，潛返臺灣。一九五〇年十月，段雲鵬再次潛入大陸，開展京津一帶的情報工作。次年，段雲鵬第三度潛回北京，在北京建立行動工作組，並自製炸彈，準備於「五一」勞動節期間進行破壞行動，不幸該組織於四月間失事，計劃取消，段雲鵬已機警返回香港。段雲鵬多次進出大陸執行任務，如入無人之境，震驚中共高層，成為毛澤東親自過問的「共和國大案」。公安部長羅瑞卿指示北京市、天津市公安局：「此人對首都和中央領導人的安全威脅極大，要想盡一切辦法抓住他」。一九五四年九月中旬，段雲鵬持港澳通行證，以港商身分進入廣州，身分被識破，遭到逮捕。中共指控他此行任務是預謀刺殺毛澤東。一九六七年十月十一日，段雲鵬在北京被害，時年六十五歲。

除上述劉德全、段雲鵬兩位烈士外，尚有派赴廣州暗殺葉劍英的烈士趙一帆、打入中共機關內部暗殺中共要人的烈士高元龍等人事蹟，無不可歌可泣。

這些案例僅是中共破獲並公布的少數重大「國特」案件，筆者年輕時服務於「情報局」，曾接觸許多長期潛伏或經常進出大陸之情報前輩，但基本上他們不會談工作，更不透露機密，都是高級情報員，令人敬仰。其中許多前輩，現仍在世，含飴弄孫，安享晚年，絕口不提當年勇，真正做到了英雄無名偉大境界。

同一時期，「保密局」也破獲了中共潛伏臺灣最大間諜組織「臺灣省工作委員會」，和逮捕國防部參謀次長吳石共諜案，整個瓦解中共武力犯臺之內應力量，破滅了中共軍事侵臺的幻想，維護了臺灣免於淪陷的安全。

一九四九年七月，中共在大陸軍事行動勢如破竹，取得政權在望。毛澤東提出：「我們必須準備攻臺灣的條件，除陸軍外主要靠內應和空軍」。他所指的「內應」力量，即「中國共產黨臺灣省工作委員會」，簡稱「省工委」，是中共於抗戰結束後在臺灣成立的省級地下黨和特務組織。

臺灣在日本佔領時期曾有非法的「臺灣共產黨」組織，「省工委」書記蔡孝乾原即「臺共」成員之一。蔡孝乾為臺灣彰化人，一九二八年為逃避日人的搜捕，潛赴大陸，進入江西蘇區，是唯一參加了中共二萬五千里「長征」的臺籍共產黨員，也是臺籍最高階的中共中央幹部。

一九四六年八月，中共派蔡孝乾（化名蔡乾）返台，召集原「台共」成員集會，傳達中共指示，並成立「臺灣省工作委員會」，爾後陸續在全省各地成立「省工委」支部，秘密在臺北市發行《光明報》。「省工委」成立後，由中共上海「華東局」直接領導。一九四七年「二二八事件」爆發，「省工委」重要幹部謝雪紅（在臺中）、張志忠（「省工委」副書記兼武裝工作部長，在嘉義）、李媽兜等均積極參與，領導群眾抗爭或組織武裝暴動。一九四九年中，「省工委」向中共中央提出《攻臺建議書》，建議共軍於一九五〇年四月進攻臺灣。

一九四九年八月，「省工委」的《光明報》社和「基隆市工委會支部」，首先被「保密局」（主管破案者為葉翔之將軍）破獲，相繼又破獲臺北成功中學、臺灣大學法學院、基隆中學等處的「省工委」分部，十月底逮捕高雄市「工委會」書記陳澤民（化名老錢，「省工委」副書記兼組織部長）。一九五〇年一月，蔡孝乾被捕後投誠，供出中共在臺組織和成員名單，同時破獲「省工委」在三義、大湖、三灣、竹子坑一帶山區游擊武裝據點。五月，未被捕之成員陳福星等人又重新整合組織，也只維持到一九五二年四月被破獲，陳福星、曾永賢等組織領導人被捕。中共「省工委」在臺灣的組織和武裝力量，至此全部瓦解。

蔡孝乾率他的多名領導幹部反正投誠，並加入國民黨。蔡孝乾先後出任「保密局」設計委員、「匪情研究室」副主任，授階少將；宣傳部長洪幼樵（夫妻二人），和陳澤民均擔任「匪情研究室」上校領導幹部；曾永賢任職調查局，後受李登輝重用。

吳石共諜案與「省工委」案同是政府遷臺初期轟動一時的間諜案。

吳石時任國防部中將作戰參謀次長，一九四七年四月在上海加入中國共產黨，並受中共「華東局」指示於一九四九年六月隨國軍來臺，他為示對中共效忠，刻意將一對兒女留在大陸。同年十月，中共「華東局」派女特務朱諶之（化名朱楓）來臺，與吳石取得秘密聯繫，並照「華東局」指示在臺擔任吳石與「省工委」書記蔡孝乾之間的居間交通，負責將吳石提供的軍事情報資料轉交蔡孝乾運用。一九五〇年初，朱女在吳石的安排下，攜帶臺灣軍事部署等重要情報，乘坐國府空軍的飛機前往當時仍在國軍控制下的浙江定海（舟山群島），計劃從定海乘船潛返上海。

就在朱諶之來臺當月，「保密局」破獲並逮捕高雄市「工委會」書記陳澤民，他主動交代：有位高階國軍將領曾交付情報給「省工委」。一九五〇年一月，蔡孝乾被捕，供出吳石和已離臺赴定海的朱諶之。但因吳石為高階將領，職務重要，而且蔡、吳二人從未謀面，故必須掌握重要證據，才能將吳石繩之以法。「保密局」乃通知駐定海單位負責人沈之岳設法查緝。朱女在定海不使用本名，裝病藏匿在一家小醫院內，等候船隻。沈之岳憑智慧判斷，在數日內即逮捕朱諶之，押解回臺。朱女到案後全盤招供，吳石只得承認其共諜身分。

一九四九年四月，代總統李宗仁眼見大勢已去，棄職遁逃桂林，再逃往美國，滯留不歸，國家群龍無首，岌岌可危，而李宗仁所派出與中共談判的代表張治中等六人又變節投共。當時，幸賴蔣介石以中國國民黨總裁身分暫時穩定了國家垂危局勢。同年十二月七日，國府正式宣佈遷臺，中共也積極準備武力犯臺，而美國政府卻決定放棄臺灣，下令撤退在臺美僑，還在一九五〇年一月發表《美國不願過問臺灣問題》聲明，討好中共。

在代總統棄職，國軍潰敗，國家存亡，危在旦夕之際，如沒有「保密局」這批忠貞不二，在被李宗仁裁撤仍堅持不肯離去的工作人員，固守崗位，及時偵破瓦解中共武力犯臺內應力量之「臺灣省工委會」龐大組織和武力，以及國防部作戰次長吳石，臺灣的安全才獲得保障和鞏固。蔣介石總統於一九五〇年三月在臺復行視事，整軍經武，勵精圖治，全力防守金馬，中共犯臺野心，才為之破滅。同年六月二十五日韓戰爆發，美國政府才驚醒，協防臺灣，實際的目的是阻止國軍反攻大陸，以免爆發世界大戰。

一九五二年，徹底瓦解中共「武力解放臺灣」內應力量後，「保密局」於一九五五年三月更名為「情報局」，同年四月中共首次提出「和平解放臺灣」主張，七月重申「願意與臺灣協商和平解放臺灣的具體步驟」。一九六〇年五月二十二日，周恩來將毛澤東的「和平解放」政策歸納為「一綱四目」。所謂「一綱」即臺灣須統一於中國；「四目」的前三目為：（一）臺灣回歸後，除外交統一於「中央」外，所有軍政大權、人事安排，悉委於蔣；（二）臺灣軍政及建設經費不足之數，悉由「中央」撥付；（三）臺灣的社會改革（指社會主義改革）從緩，俟條件成熟，徵得同意後進行。這「一綱三目」後來被鄧小平延伸為「和平統一」和「一國兩制」統戰策略，並非鄧小平發明。

但重點在「第四目」的「互約不派特務，不作破壞對方團結之事」。毛澤東曾經承認中共在「隱蔽戰線」上，大量滲透國府黨政軍機關，蒐集的戰略性情報，是中共能夠奪取大陸政權重要因素之一。而且中共要「統一」臺灣，又怎可能放棄對臺派遣特務滲透。但毛澤東竟然將一向稱之為「隱蔽鬥爭」或「隱蔽戰線」不可說的秘密情報工作，搬上臺面，並提升到國家戰略階層，作為兩岸「談判」的要目之一，與政治、軍事、經濟齊一層次，一則說明中共對情報工作之重視，二則證明「保密局」工作對中共政權的威脅程度，已讓毛澤東感到芒刺在背，否則毛澤東是不會輕易要求停止派遣「特務」人員。毛澤東的「恐特」，說明了情報工作對維護國家安全之重要性，而我政府自「政黨輪替」執政以來，情報工作受到了嚴重的輕忽，絕非國家之福。

二、情報機關大權　再回歸中共中央成立調查部

彭德懷於一九五三年八月卸任援朝「中國人

民志願軍」司令員職位返回北京，取代周恩來主持中央軍委日常工作，次年出任國防部長。他在韓戰期間因情報不靈，敵情不明，吃足苦頭，主張改組情報機構。英國一位著名記者也認為韓戰「迫使共產黨加速建設中國的秘密情報隊伍」，蘇共亦建議中共仿效蘇聯情報體制，成立兩個分屬黨務系統和軍事系統的情報機構。周恩來、李克農遵照蘇共指示，又把政務系統情報機構大權回歸中共中央，將總參「聯絡部」撥歸中央書記處直接領導，合併成立「中央調查部」；「聯絡部」中的軍事情報部門仍保留在中央軍委總參「情報部」內，後來再撥「總政治部」，成為總政「聯絡部」。

「中調部」的成立跟一九五五年國府情治單位大改組有關。這年三月一日，蔣經國成立「國家安全局」作為全國最高情治工作領導單位，並將各情治單位任務重新明確分工，原「保密局」更名為「情報局」，專責對中國大陸的情報工作，其他無關業務分別撥交相關單位。由於「情報局」任務單一化，得以集中全力發展大陸情報工作，引起中共的恐慌。四個月後，「中調部」即於七月一日成立，顯然國府情治機構改組和重新分工，對中共形成強大壓力，因而倉促組建「中調部」因應。

一九五五年七月一日，中共「中央調查部」正式成立，由李克農擔任部長，孔原、羅青長任副部長。據《楊尚昆日記》（中央辦公廳主任）記載：「『中調部』日常工作由他與李克農聯繫，重大事情請示鄧小平」（鄧時任中央書記處總書記）。同年，中共中央成立「中央對臺工作領導小組」和「中央臺灣工作辦公室」。「中臺辦」（或稱「對臺辦」）就設在「中調部」內，主任由周恩來辦公室主任兼，具體工作由「中調部」幹部楊蔭東（自一九三八年起潛伏國軍中工作，並入陸官十六期。文革時兼任對臺辦副主任，參與過特赦被俘國軍「戰犯」和處理前「情報局」突擊大陸武裝人員工作，一九七九年底，「對臺辦」改隸中共中央，楊於一九八三年升任主任，一九八九年任黃埔同學會副會長兼秘書長）負責。

中共嚴格要求對「中調部」名稱保密，不得外洩，規定在黨、政文件中必須提到「中調部」時，都以「在西苑的機關黨委」來代替。西苑是「中調部」總部所在地，位於北京市海澱區西苑一百號（又稱西苑大院）。即使在一九五〇年代，中共「人大」對內出版的《國家機關黨派團體負責人名單匯編》中，也找不到「中央調查部」和領導人姓名。

「中調部」規定工作人員從領導人起，對外都要有公開掩護身分。部長李克農的假身分是中共外交部副部長，以外交官身分作為掩護，是「中調部」慣用手法之一。但以外交官為掩護的特工人員，則有公、密兩種，對駐在國政府身分公開者，多是負責與該國情報機構合作之特務；對駐在國保密身分者，則仍從事秘密情報工作。至於駐外使館的武官，則是總參「情報部」派駐外國的公開情報人員。後來也擔任過「中調部」部長的孔原，是以經貿官員為掩護，當時還被西方人稱為中共「最重要的外貿專家」之一。曾任「中調部」副部長的馮鉉，原任軍委聯絡部天津局局長，於一九五〇年派往瑞士擔任公使，後升任大使，一九五九年被任命為副部長。當時「中調部」派駐海外，特別是駐香港人員，常以中共在香港的貿易公司的負責人或職員身分為掩護。

為了便於工作，「中調部」外派特務最常用也是使用最多的掩護身分是「記者」，所以「新華社」必須配合「中調部」需要提供特工人員身分掩護和工作協助。「公安部」在一九六〇年的一份內部文件就提到港英當局「今年以來，因懷疑是我地下工作人員逮捕了四個人。目前被偵察監視的有八十七人，其中包括梁威林、祁峰等同志和費彝民等人」。多數西方國家瞭解中共此種作法，如一九六三年，捷克政府曾指控「新華社」駐布拉格辦事處「從事間諜活動」，勒令關閉。

一九六一年三月，「新華社」社長吳冷西

在給中共中央外事組的報告中說：「目前在許多資本主義國家，新華社記者兼負中央調查部的任務。例如在倫敦、巴黎、開羅分社以及臨時派去日本的記者，均有調查部人員擔任新華社記者」。吳冷西說，有些真正的記者有時也會為中調部工作，這種情況讓他感到很困擾，因為這給「新華社」和中共新聞的總體國際聲譽帶來風險。他建議在「新華社」和「中調部」之間建立良好管理機制，他希望「中調部」能夠總結「過去在記者中的工作部署和經驗」，「就如何運用記者的便利條件充實調查工作得出有益的經驗，同時就記者工作中哪些調查方式是不宜運用的作出規定」，「避免可能遭到的損失」。這年十月，楊尚昆為此召集情治、外交、新聞、僑務等機構舉行會議，商討情報工作和「各系統的分工、合作問題」。

「中調部」成立後，又在上海、廣東和雲南分別成立「市（省）委調查部」，顯然都是衝著臺灣而來（滇邊有國軍反共救國軍，故在滇省設部；上海、廣東則專對臺工作）。廣東「省委調查部」一直維持到一九八三年併入廣東省「國家安全廳」；但雲南「省委調查部」則於一九五七年六月被撤銷；一九七八年再在山東省委和江蘇省委成立「調查部」。但是內陸各省市，很少成立「調查部」，如河南省從未設置過此一機構。

「中調部」成立之後，從「中央聯絡部」接辦一所幹部訓練機構「外事幹部學校」，這所學校原是一九四九年為培訓中共首批駐外「將軍大使」和高階外交官而開辦，後來也調訓「中調部」領導幹部。一九六一年「外事幹部學校」併入外交部「外交學院」（一九五八年曾短暫更名為「國際關係學院」），改稱「外交學院分院」。一九六五年「中調部」因需求外語的特工幹部量大增，於是又將「外交學院分院」，改回為「國際關係學院」，校址設在北京市海澱區西苑。

一九六六年「文革」爆發後，北京的紅衛兵所辦的許多小報中，以「國際關係學院」的紅衛兵小報最受觸目，不但揭露了「中調部」內周恩來與康生兩派的內鬥內幕，也披露許多鮮為人知的中共特務活動（西方各國在香港的情報機構紛紛設法高價購買這類大小字報，每張數十到數百美元不等）。許多披著各種名人偽裝的中共特務，曾在紅衛兵的迫害之下供出了自己的真實身分。例如清華大學教授錢偉長（中國近代力學、應用數學的奠基人之一），即被紅衛兵逼供承認是前「中社部」的特務，一九四六年前在美國從事秘密情報活動情形。紅衛兵打蛇隨棍上，隨即把他當作美帝特務進行鬥爭，禁止他繼續從事研究工作，不准他子女上大學。

周恩來聞訊很生氣，藉打擊「五一六」分子（一九六六年五月十六日中共中央頒布《中國共產黨中央委員會通知》，發動文化大革命，故稱為《五一六通知》。一九六七年北京出現一個名為「首都五一六紅衛兵團」的極左組織，散發反對周恩來的傳單。激怒毛澤東在全國範圍內開展一場清查「五一六反革命陰謀集團」運動，大批無辜幹部群眾被打為「五一六分子」遭受迫害）之名，禁止「國際關係學院」紅衛兵出小報。但為時已晚，「中調部」的機密已經洩露無遺，許多特務的身分暴露，嚴重衝擊「中調部」的情報工作，幾乎陷於癱瘓。一九七〇年「國際關係學院」停辦招生和教育工作，「中調部」把學院搬到河北農村改為「五七幹校」，關押被鬥幹部，直到文革結束後，才於一九七九年恢復招訓學生，並成為國務院「學位辦」核准的全國第一批學位授予權之學校。

「中調部」內部最大的單位為「亞洲局」，組織布建之重點為香港、臺灣和日本三地。特別是香港，是中共向世界各地派遣特務的跳板。港英時期，香港的「新華社分社」不僅是中共在香港的代理機構，而且也是「中調部」在香港的特務指揮中心。時任該社副社長的李舉生就是「亞洲局」的副局長。派駐日本的「亞洲局」特務，也多有公開身份掩護從事活動，如女特務王曉嫻是駐日大使館參贊，特務孫平化和蕭向前等是商務代表或親日人士。

早期中共在西歐的間諜中心，設在瑞士，中共與法國建交後，則轉移到巴黎。而且隨著西歐各國與中共的建交，中共駐各國大使館就成了「中調部」在各駐在國的間諜指揮中心。不少大使本人就是「中調部」的重要領導幹部，如駐英代辦熊向暉和駐瑞士大使李清泉等。後來出任中共「國家安全部」第一副部長的孫文芳，曾任「新華社」駐倫敦首席記者。一九六九年文革高潮時，中共駐荷蘭代辦廖和書向駐在國政府申請政治避難，承認是「中調部」的特務。他是當時向西方投奔自由級別最高的中共特務。

「中調部」在歐洲取得立足點後，開始向非洲滲透。中共駐埃及大使館就成了非洲間諜活動的指揮中心，一九六〇年代初中共駐開羅大使館文化參贊王炎堂，即「中調部」特務，原任職雲南省委中調部，後調回北京，升任「中調部」高官。文革期間，中共駐非大使紛紛被召回國內批鬥，唯獨駐埃及大使穩如泰山，仍留在開羅，原因即在此。中共駐布隆迪大使館的文化參贊董濟平於一九六四年八月攜帶大量機密向美國投誠，西方因而掌握了中共在非洲的特務活動。董濟平是第一個向西方投誠的「中調部」特務，比廖和書早五年。

在美洲方面，根據美國聯邦調查局的解密資料，一九四八年中共建政前，就已經在紐約和舊金山等地建立了好幾個外圍組織作掩護。一九七〇年加拿大與中共建交，「中調部」就利用駐加大使館和溫哥華的領事館與加拿大華人建立關係，並通過渠道和原已潛伏在美國大城市的特務秘密取得聯繫，逐步建立它在北美的間諜網，但規模不大。當時中共的指令是「隱蔽精幹，以待時機」，禁止輕舉妄動，以鞏固在北美的間諜陣地。中共在美國的特務活動和發展，直到中共改革開放和與美國建交後，才開始活躍。後曾任「國安部」常務副部長的于放，是以「新華社」記者身分長駐美國。

至於中南美洲，則自一九五九年卡斯楚奪取

古巴政權，次年與中共建交後，中共即派「中調部」的高階特務申健（即中共「後三傑」之一的申振民）出任第一任駐古巴大使，以哈瓦那作為中共特務向拉丁美洲滲透的基地。巴西政府在左派執政時期，「中調部」特務多以商業和文化代表團成員為掩護滲入巴西。後因巴西軍人發動政變，推翻了左派政府，逮捕了九名中共特務，驅逐出境。

一九六二年李克農去世，由孔原接任部長。一九六六年五月中共中央發出《五一六通知》，開始了文化大革命。同年八月，中共八屆十一中全會打倒劉少奇、鄧小平後，鄧小平交出指導「中調部」大權，由康生接手。其後又在毛澤東的「砸爛公檢法」旨意下，這年十二月六日周恩來強烈點名批判「中調部」在「搞神祕的東西」，指示「中調部」的領導要和其他黨政軍部門一樣接受從下到上的調查批鬥。次（一九六七）年三月，毛澤東、周恩來宣佈「中調部」實施「軍管」，由「解放軍」和「造反派」共同接管。

康生在「中調部」成立後，就想插手過問該部工作，但因中共中央分工，係由周恩來、鄧小平分管情報，而且李克農、孔原等「中調部」領導幹部都不願意接受康生的領導，所以他未能如願，心中憤恨難消。一九六六年五月，「文革」爆發，康生隨即展開報復。他首先鼓動「造反派」紅衛兵鬥爭「中調部」部長孔原。紅衛兵小報說，孔原和他的「愛人」許明反對文化大革命。康生安在孔原頭上的罪名是「黑幫」和「特務頭子」，康生本身就是老牌「特務頭子」，但他沒事，戴在孔原的頭上就是罪大惡極，十惡不赦。孔原因此被打倒入獄，整得死去活來，關押長達七年之久。孔妻徐明，曾任周恩來辦公室副主任，時任國務院副秘書長，也是中共特務出身，遭到江青在毛澤東面前告了御狀，慘遭迫害。許明走投無路，於一九六六年底服安眠藥自殺，死在辦公室內，兩個兒子被下放到農村勞動。孔原直到「文革」結束後，才獲得釋放，受命籌建「國家安全部」。

即使李克農已死，康生也不放過他。一九六七年，康生指控李克農勾結劉少奇、彭真（北京市委）、陸定一（中宣部長）等（請詳拙作《林彪的忠與逆——九一三事件重探》）陷害他，要嚴加追查，並且株連甚廣，把「中調部」搞得烏煙瘴氣，副部長劉少文、毛誠都被打入監獄，關押七、八年之久。楊尚昆、羅瑞卿（時任總參謀長）、安子文（中央組織部長）等已被毛澤東鬥爭關押起來，仍被冠上「包庇壞人（李克農），迫害康老（康生）」罪名，反覆受到批鬥。

鄧小平與孔原的私交甚篤，在上世紀三十年代，江青、卓琳（鄧妻）和許明等人投奔延安後，江青因歷史問題只被送到藝校受訓，卓琳和許明則被保送進特務學校培養，二人的指導員即孔原。那時延安共黨幹部是男多女少，這些女青年就成了高幹們追求的對象。一九三七年江青成了毛澤東的第四任妻子，次年鄧小平與卓琳、孔原和許明也由毛澤東證婚結婚。江青忌諱四人知悉她的底細，因此在文革時想盡辦法要鬥倒四人。

孔原副手，「中調部」副部長鄒大鵬，在中共叛亂時期曾任「東北局社會部」第二部長，組建東北情報網，中共建政後任「情報總署」署長。康生為鬥爭他，製造了「東北反革命叛徒集團」之冤案（誣陷政協副主席高崇民為領導人，高曾任張學良秘書，參與「西安事變」），一九四六年投共，文革時被迫害至死），指控鄒大鵬為重要成員，唆使「造反派」紅衛兵批鬥，鄒大鵬夫妻二人不堪迫害，雙雙自殺身亡，後雖於一九七九年平反，但人死不能復生，夫復何用。

這些過去為中共隱蔽鬥爭，付出汗馬功勞的特務頭子，一旦面對毛式政治鬥爭，任憑你對中共的黨國有多大貢獻，擁有多大功勳，都至此一筆勾銷。即使這些特務頭子，個個都曾是周恩來親信，紅衛兵照樣置若罔聞，非鬥的這些「牛鬼蛇神」永世不得翻身不可。而周恩來對這些建政功臣的親信被殘酷鬥爭，也是視若無睹，不予保護，任憑紅衛兵酷刑批鬥。兔死狗烹，至此驗證。

自康生成了「中調部」太上皇之後，該部領導幹部紛紛被鬥，不是入獄，就是進「五七幹校」勞動改造，被害或自殺致死者，不在少數。由於「中調部」在「文革」初期捲入了嚴重派系鬥爭，打亂了陣營，嚴重影響了工作，尤其是「調查幹部和臺灣的內線，在文革初期受到嚴重衝擊」，被「軍管」後，工作更是陷於停頓。一九六九年六月，「中調部」被併入軍委總參「情報部」，由熊向暉任部長、羅青長任副部長，已是名存實亡。直到一九七一年「文革」中期，「中調部」才又逐漸恢復了原有的建制。

羅青長自一九五二年起，即兼任中共中央「對臺工作領導小組」辦公室主任，長期負責對臺工作（直到一九八三年）。一九六六年「文革」爆發後，羅青長被康生打成「黑孔（黑為黑幫，孔為孔原）集團黑幹將」遭到關押，後又被打成「反革命集團」。但他很幸運，是少數受到周恩來保護的特務，其職位基本上未中斷。

為因應中美關係改善，一九七三年三月，周恩來主持中央政治局會議，指示把撥併到軍委總參謀部的一些政府部門，重新劃歸國務院管轄。「中調部」也從總參「情報部」分出來，恢復原建制，由羅青長擔任負責人，並由熊向暉任副部長（上下倒置，顯是給熊難看）。但「中調部」的元氣已大傷，隨後幾年的工作仍很不著力。一九七五年康生死後，羅青長才能夠正式接任部長。至於省一級的「調查部」也在這年夏季恢復原建制，凡在文革時改名為「革委會第×辦公室」的「調查部」，一律回復原名。「四人幫」被捕後，「中調部」參與調查康生生前的非法活動，和與「四人幫」勾結的犯罪結構。

「中調部」重建後，羅青長起用一些文革時「靠邊站」的幹部，原有的海外情報工作，開始回歸正軌，但工作重點仍重新回到臺灣（那時中共潛伏在台灣的特務，幾乎已被一網打盡）和香港。當時蔣介石總統剛逝世，中共在臺工作，以瞭解蔣經國先生的兩岸政策為優先。同時期「中調部」派往海外的特務人員，也由以前從「中調部」派往各駐外使領館以外交官身分為主要掩護，改為以記者、商人、學者等不同身份作掩護到海外工作。

七十年代末，鄧小平復出，開始進行整頓中共情治機構，由於「中調部」在「文革」被砸爛後遺留不少問題，傳說該部早期曾搜集中共一些領導人的資料，引起中共中央不滿決定撤銷「中調部」建制。一九八三年七月一日，中共以原「中調部」為主體，將「公安部」的反間諜部門（一局）及其他相關部門合併為「國家安全部」。將「公安一局」併入「國安部」，主要在偵查和防堵國府「情報局」在大陸的情報組織與諜員滲透，並脅迫爭取被捕的「情報局」諜員為其工作，進行「反間」的佈建。

事實上「中調部」雖有二十八年的歷史，工作卻乏善可陳。在楊尚昆的《回憶錄》中談到他在領導「中調部」期間的工作，也只提到「最緊張的情況有兩次：一次是一九五五年四月（「中調部」成立前），周恩來率中國代表團出席亞非會議，事先我們得到『蔣特』擬加害周恩來的情報。為此，我們已採取了某些措施。不幸的是，四月十一日，我國向印度租用的克什米爾公主號專機在香港被『蔣特』秘密安裝了炸彈，飛至加里曼丹島上空時爆炸，乘坐這架飛機的中國代表團工作人員和記者石志昂（他的實際職務是中共對外貿易部三局副局長）等八同志壯烈殉職」；「另一次是一九六三年四月，劉少奇、陳毅出訪印尼、緬甸、柬埔寨和越南。這一次，主要是柬埔寨敵情複雜」，「周恩來決定派熟悉柬情況的前駐柬大使王幼平……先去金邊，指揮我使館與柬方落實安全保衛工作。四月二十九日，得悉敵特陰謀在柬加害我領導人一案（湘江案）已大體偵破，形勢進一步好轉。五月一日至五日，劉少奇、陳毅勝利地訪問了柬埔寨。」

羅青長之子羅援也回憶其父一生做過三件大事：「一、轉戰陝北（主要指滲透西安胡宗南部），為中央提供情報。二、一九五五年破獲臺灣特務刺殺周恩來的『克什米爾公主號事件』，周原計劃乘坐『克什米爾公主號』飛機參加印尼萬隆會議，臨時改飛緬甸，飛機起飛後五小時爆炸，周逃過一劫；炸藥為國民黨特工買通香港啟德機場清潔工安放。三、一九六三年偵破國民黨特務謀刺劉少奇的『湘江案』，劉當年出訪柬埔寨，羅擔任前方安全組長，發現劉的車隊必經之路埋有炸藥，隨後捕獲一名國民黨特務。」

從楊尚昆和羅援的回憶，證實「中調部」存在的期間缺乏突出之成績，反而是國府前「情報局」的活動積極。刺殺周恩來和劉少奇兩案，即「情報局」所為。「刺周案」如果不是周恩來臨時決定赴緬甸訪問，另租專機改飛仰光，僥倖逃過一劫，否則中共歷史可能又需要改寫；「湘江案」則是中共與柬埔寨政府合作破獲。羅援把這兩事件列為乃父一生中重要大事，未必全然屬實。

一九五五年四月，在二戰結束後獨立的二十九個亞非國家在印尼舉行「萬隆會議」，中共派出由周恩來率領的代表團前往參加。因中共沒有能夠長程飛行飛機，於是向印度航空公司租用「克什米爾公主號」四引擎的民航機作為專機。專機預定由印度先飛抵香港啟德機場，周恩來及代表團隨後由廣州坐船抵香港後，轉搭專機飛往印尼雅加達，再轉往萬隆與會。

中共在飛機失事後，對外宣傳說：早有情報報告，國府「保密局」情報人員準備在專機過境香港時秘密在機上安裝定時炸彈，在空中炸毀飛機，因此要求港英政府確保飛機的安全。事實，這時「保密局」已經在一個多月前的三月一日改組更名為「情報局」，中共如果確實獲得「炸機」情報，應不會不知道「保密局」名稱已撤銷更換，而仍說「保密局」策劃謀刺周恩來，顯然中共並未蒐獲「情報局」有此一爆破制裁行動；其次，如果中共的確有「刺周」情報，以周恩來貴為總理的政治地位，中共絕不敢拿周恩來的安全當兒戲，仍冒險讓周恩來和代表團赴香港搭乘專機起飛，必然會變更行程，譬如要求飛機改飛北京、廣州或其他機場起降，避免被「保密局」特工安裝炸藥。光這兩點破綻，就足以說明中共獲得情報之說，不可置信。

反而是國府「情報局」確實獲得了周恩來赴印尼行程和搭乘專機名稱等詳細情報，所以指令駐香港趙斌成單位利用專機停留香港啟德機場時機，派遣特工在專機上秘密安置定時炸彈。趙斌成派出的執行人周駒（本名周梓銘），掩護身分是機場飛機清潔人員。於四月十一日中午十一時二十分，「克什米爾公主」號專機自印度孟買飛抵啟德機場後，周駒成功的在專機上裝置了定時炸彈。

根據事後英國駐北京代辦交給中共外交部的《關於喀什米爾公主號破壞案的員警調查綜合報告》稱：「國民黨當局在港通過香港啟德機場清潔員周梓銘（化名周駒），在周恩來預定搭乘的印度國際航空公司洛克希德星座式七四九A型飛機克什米爾公主號的右翼輪艙處，安裝了一顆定時炸彈。」

港英政府雖然加強了機場保安措施，但顯然並不十分嚴密，所以周駒才能輕易接近專機，並成功將經過偽裝成牙膏的計時炸彈，神不知鬼不覺的密藏在「克什米爾公主」號機右翼「輪艙」裡面，起飛前機長和安檢人員作安全檢查時都未發現。假如中共確實早有國府密謀炸毀專機情報，中共駐港新華社社長既不會允許，港英政府也不敢如此鬆懈的警戒，周駒即使有再好的掩護身分，也不可能接近專機，更何況他至少需要一些時間，才能將炸彈穩固安裝在「輪艙」內，否則飛機起飛前的快速滑行，和強烈的震動，炸彈必然會掉落下來。

但在前一日（四月十日），周恩來和中國代表團（十一人）準備前往香港時，緬甸總理吳努急電中共邀請周恩來率中國代表團於四月十四至十六日先行訪問仰光，同印度總理尼赫魯、埃及總理納賽爾和阿富汗副首相納伊姆共商亞非會議的有關問題，再前往萬隆開會。毛澤東同意周恩來先受邀訪問緬甸，另租了一架印航飛機「空中霸王號」作為新專機，自昆明飛往仰光。

周恩來為確保赴緬行程秘密，不便讓原定隨行之中外記者知悉，而且已經抵港的工作人員（八人）也有需要先行到達萬隆，安排相關事宜。於是指示原專機「克什米爾公主號」由已抵港之人員和記者搭乘，直飛印尼。登上「克什米爾公主號」的人員共有十一人，包括新華社香港分社社長黃作梅、新華社對外新聞編輯部主任沈建圖，記者、攝影、廣播員、外交部情報司人員和周恩來的司機等人，另有越南代表團人員一人，及兩名外籍（奧地利和波蘭）記者。機組人員則有八人，合計十九人。有媒體報導：周恩來是為了自保和迷惑國府，臨時改變路線，故意讓其他人作替死鬼。這種分析不符合事實，周恩來如果真知道國府要炸毀專機，一定會取消「克什米爾公主號」專機行程，而且機上至少有數位是中共重要高級領導幹部，周恩來應不致於拿這些人的生命當作無辜的犧牲品。

「克什米爾公主號」專機起飛後於下午六時半左右，發出求救訊號，機長報告機艙內發生爆炸，第三號發動機起火，濃煙彌漫。飛機試圖迫降海面，在距離雅加達還有一小時半的航程的印尼對開海面撞毀。機上有三名機員奇蹟生還，其餘十六人罹難（其中五人為印航人員）。專機沉沒於大納土納島西岸外海。

「克什米爾公主號」炸毀後，因港英政府介入調查，「情報局」為策安全，將執行人周駒於五月十八日調回台灣，因此港英政府只能發布通緝，無法逮捕。情報局駐港單位負責人趙斌成雖被港英懷疑，但無證據，僅驅逐出境回臺。

至於「湘江案」則是前「情報局」於一九六三年策劃執行的謀刺劉少奇之行動個案。據執行負責人張霈芝將軍所撰《戴笠與抗戰》一書（張將軍的博士論文）透露：「最令我刻骨銘心的是民國五十二（一九六三）年五月一日在柬埔寨金邊執行湘江計畫，由我領導的工作組，策劃經年布下天羅地網，要將中共國家主席劉少奇等人抵達金邊時，連同柬埔寨元首施亞努一舉毀滅，竟因『情報局』駐越南站有人洩密而功敗垂成。在事前兩天（四月二十八日）被金邊當局逮捕，旋判死刑。七人被關在金邊監獄死囚黑房裏，達七年又三十二日之久。民國五十九（一九七〇）年六月三十日，因龍諾推翻施亞努政權，我們幸得死裡逃生，返回臺灣受到英雄式的歡迎。然而，個人的生死榮辱實不足掛齒，遺憾的是國家民族的利益。試想，湘江計畫若能實現，劉少奇固然當場身亡，但至少不會在文革時受到死無葬身之地的羞辱。甚至根本就不會有文革，數以千萬計的炎黃子孫生命也不致犧牲。施亞努若當時身亡，日後柬埔寨決不致政變，即不會有赤柬的大屠殺。正是差之毫釐，失之千里。」

一九六一年十月，「情報局」蒐獲中共國家主席劉少奇偕外長陳毅預定一九六三年訪問柬埔寨的情報，於是策劃在柬埔寨首都金邊執行制裁行動，並派張霈芝上校率農稔祥（任副組長）、梁明、文錫齡等組員於一九六二年二月經越南西貢（今胡志明市）進入金邊，建立工作組，負責行動之部署，專案名稱為「湘江計畫」。張霈芝具組織能力，在柬埔寨積極發展組織，迅速擴建為擁有四十多人的工作組，正因組織過於龐大，難免良莠不齊，而有不肖成員某人（不屑提其名）因貪財，被中共收買，洩漏了機密。

一九六三年三月，中共官媒「新華社」發佈了劉少奇將於四、五月間訪問印尼、緬甸、柬埔寨、越南四國的消息。張霈芝選定從金邊國際機場到市區，汽車必經之公路上，以挖掘地道埋設炸藥的方式，準備在劉少奇軍隊經過時，引爆炸藥，炸毀人車。

中共根據張霈芝工作組的不肖成員提供之零碎情報研判，懷疑張組可能有不利於劉少奇訪柬的行動，但具體的方式和方法不清楚，於是在三月間成立「中央安全領導小組」，由楊尚昆任組長，廖承志（國務院僑委主任）和孔原（中央調查部部長）任副組長，以保障劉少奇出訪的安全。四月中旬，劉少奇開始出訪，首站印尼，預定五月一日訪問柬埔寨。中共「中央安全領導小組」決定由「中調部」、「公安部」和國務院「僑委」組成先遣小組，派羅青長（時任「中調部」副部長）領隊赴柬埔寨，協助柬埔寨官方調查張組行動，以維護劉少奇訪柬的安全。

柬埔寨保安委員會於四月二十八日起在金邊實施戒嚴，市民只准出不准進，並在通往南越的公路上逮捕先行撤離的張組負責租屋和挖掘地道人員，因而獲知地道確實地點，進而搜出炸藥、雷管和手榴彈等行動器材，隨後逮捕了張霈芝和農稔祥等人。

張霈芝回憶所稱：「因『情報局』駐越南站有人洩密而功敗垂成」，可能係指「情報局」越南站工作人員廖某，據中共在《謀刺劉少奇案》報告中透露，曾派特務廖某之昔日同學羅某在香港啟德機場（過境室）與之「巧遇」，勸廖某停止刺殺劉少奇行動（越南站負責張組爆破器材後勤補給）。廖應付羅某說：「此事我會考慮，沒有得到可靠保證，我不能答應什麼。」但「廖某賊心不改，除了挖坑道炸車外，他還策劃了第二套方案。就是當西哈努克陪同劉少奇在湄公河河畔觀看龍舟比賽時用消音步槍進行射殺。」

張霈芝等一共七人被判死刑，但因柬埔寨篤信佛教，死刑並未執行，終於在一九七〇年龍諾發動政變，推翻施亞努親王後，全部獲釋回臺，張霈芝並榮晉少將，其他人員也都有不同獎勵。張霈芝將軍退伍後，赴香港改往學術界發展，卓有成就，出任「廣大書院」院長。

04 國安部被江派掌控——成為中共各部會貪腐重災區

一、再改組中調部　與公安一局合併成立國安部

據《中國國安委：秘密擴張的秘密》一書透露：「中調部」改組為「國家安全部」有一種說法是因文革時期，「中調部」在併入軍委總參二部期間，曾蒐集鄧小平和陳雲等元老的生活隱私材料，向毛澤東密報。文革結束後，鄧、陳為清算這筆帳，決定改組「中調部」，於一九八三年將「中調部」與「公安部」的反間部門合併，組建為「國家安全部」。該書承認這一說法未經證實。

鄧小平對康生在文革時期主導的「中調部」的確很不滿，陳雲也曾斥責康生「是鬼不是人」，這句話的來源是因為中共把本身從事情報工作的特務稱之為「與魔鬼打交道的人」。而且「中調部」在一九六九年併入總參二部後，熊向暉投靠了「四人幫」，當上總參二部副部長及情報部部長，曾揭發劉少奇和鄧小平的「黑材料」，鄧小平耿耿於懷。所以鄧小平在文革結束後復出，打倒華國鋒後，決心改組「中調部」，就先在前一年（一九八二）四月免去熊向暉副部長職務，去除心腹大患。熊向暉靠邊站後，寫了一本《我的情報與外交生涯》之書，力捧周恩來，發洩他對鄧小平的不滿。

但是，鄧小平對「中調部」最不滿是：一九七九年一月初，總理趙紫陽訪問伊朗前夕，伊朗政局已出現不穩，「中調部」仍強調無事，建議照計畫訪伊。然而就在趙紫陽出訪回國不久，伊朗的政局急速惡化，並轉變為一場革命，巴勒維王朝於一月十七日被霍梅尼所領導的伊斯蘭革命

推翻，逃亡美國，中伊關係陷於緊張。

《中國國安委》一書說：「有案可查的是一九八三年中央政法委秘書長、公安部長劉復之向中央政治局請示，要求改組『中調部』，由『中調部』和『公安部』反間諜機構合併為『國家安全部』。總書記胡耀邦為首的政治局討論後同意了這個想法，並決定由公安部副部長凌雲出任部長。」凌雲曾任「公安部」一局（負責反間諜工作）局長，也曾隨鄧小平訪美，擔任安全工作組副組長，深得鄧小平信任，因而能夠出任「國安部」部長。

劉復之建議將「公安部」的「反間諜」部門併入新建「國安部」，其不足為外人道的原因是：希望剛逮捕到的臺灣或外國間諜，在未被其等上級間諜機關發覺之前，儘速並盡可能予以威脅利誘吸收為「反間」（「反間諜」是指偵查逮捕敵間，「反間」是吸收敵間為其工作）後，立即釋放，由「國安部」運用，對敵對或外國情報機構進行滲透。

一九八三年七月一日，中共「國家安全部」由原「中調部」、「公安部」的反間諜單位（即一局，或稱政治保衛局、敵偵局）和中共中央「統戰部」與「國防科工委」兩機構的部分單位合併成立，英文名稱為：Ministry of State Security of the People's Republic of China（縮寫為MSS）名義上隸屬國務院，實際上歸「中央政法委」領導。所以「國安部」成立大會是由「政法委」書記陳丕顯主持。

自一九四九年起，共軍在接收各地方政權時，所設立的「軍管會」，即後來地方公安單位的前身。當時，「軍管會」的重要任務之一，就是肅清潛伏下來的「國特」，以及各種反抗中共政權的勢力。中共「政務院」成立後，將「軍管會」中的治安部門改編為地方的「公安廳」（局），隸屬北京「公安部」。原「軍管會」的肅清敵特任務，由各省（市）的「公安廳」（局）的「第一處」負責，故又稱為「敵偵處」。在「公安部」則是「一局」，也就是「政治保衛局」。

據趙紫陽在中共六屆人大一次會議上的《政府工作報告》說：「國安部」的設立是為了「確保國家安全和加強反間諜工作」，主要職責有四：（一）、對外進行間諜活動；（二）、加強反間諜工作；（三）、促進祖國統一大業（「國安部」一位負責人曾在福建「國安廳」傳達：「對臺鬥爭是國家安全部門在現階段甚至今後相當長時間內的工作重點中的重點」）；（四）、

「中華人民共和國國家安全部」標誌

「國安部」與「公安部」的牌子同掛在北京市天安們附近的東長安街。

懲處變節人員。

「國安部」主要職能包括情報蒐集分析、反間諜、政治保衛等。總部與「公安部」的牌子同掛在北京市天安們附近的東長安街，真正的業務中心設在位於北京魏公村的原「中調部」的「東風大樓」，拘留、審訊和調查工作則在北京市郊昌平縣的拘留所進行。第一任部長凌雲上任後，就把大批他在「公安部」的親信調進「國安部」，又以半逼迫「離休」方式，排擠原來「中調部」的老幹部。

「國安部」內部組織主要有下列單位：

第一局（機要局）：密碼通訊及相關管理。

第二局（國際情報局）：國際戰略情報蒐集。

第三局（政經情報局）：各國政經科技情報蒐集。

第四局（臺港澳情報局）：主管臺灣、香港、澳門地區情報工作。

第五局（情報分析通報局）：情報分析通報，蒐集情報指導。

北京的國安及公安大樓

圖片來源：Baycrest（www.panoramio.com/user/10771059/baycrest）

第六局（業務指導局）：對所轄各省（含直轄市）級廳局的業務指導。

第七局（反間諜情報局）：反間諜情報蒐集。

第八局（反間諜偵察局）：外國間諜的跟監，偵查，逮捕等。

第九局（對內保防偵察局）：涉外單位防諜，監控境內反動組織及外國機構。

第十局（對外保防偵察局）：駐外機構人員及留學生之監控，偵查境外反共組織活動。

第十一局（情報資料中心局）：文書情報資料的蒐集和管理。

第十二局（社會調查局）：民意調查及一般性社會調查。

第十三局（技偵科技局）：技偵科技器材的管理研發。

第十四局（技術偵察局）：郵件檢查與電信偵控。

第十五局（綜合情報分析局）：綜合情報的分析、研判。

第十六局（影像情報局）：各國政、經、軍的影像情報、衛星情報判讀。

第十七局（企業局）：主管該部所屬企業、公司等事業單位。

反恐局：也有資料說是第十八局，負責反恐怖行動。

國際關係學院（University of International Relations）：培訓「國安部」和「新華社」情報人員。

蘇州江南社會學院。

「國安部」每一局都有對外使用的掩護單位。例如：「第四局」（台港澳局）對外開展業務時，常用「中科院港澳臺辦」名義；「第十四局」（技術偵察局）則使用「中國資訊科學研究所」的名稱；「第十五局」（綜合情報分析局）使用「歐亞情報研究所」和它的週邊研究機構名稱等等。為了工作掩護，「國安部」也時常利用中國投資集團的名義進行對外滲透。如：以「新華社」和「中國新聞通訊社」的記者身分從事情報工作；以「中國人民對外友好協會」、「中國國際交流協會」、「中國國際友誼促進會」、「中國國際人才交流協會」訪問團隨團人員身份蒐集情報；以「中國國際旅行社」的導遊或司機身分蒐集情報；在公、民營國際投資公司（集團）安置特務，對外滲透。

「國安部」還設有一些直屬機構：「辦公廳」（協調部內工作）、「法制辦公室」、「政治部」、「影視中心」（宣傳部門形象）、「幹部部」（主管人事）、「部紀委」、「拘留所」（關押嫌犯）、「黨校」、「普法辦公室」（宣傳法律）、「教育培訓部」、「監察審計局」、「綜合計劃局」（負責經費）、「行政管理局」（後勤管理）、「西苑管理處」、「老幹部局」（負責處理和監管退休幹部）。

「第十七局」直屬企業有北京燕山大酒店、遠東集團、中國振華進出口公司、福州鑫達貿易有限公司、廈門中國國際經濟技術合作公司、西雙版納商貿公司、香港華潤集團和超卻貿易公司、新光進出口公司、天龍公司、賦維投資公司、邦貿總公司、中華貿易公司等。另設在深圳的「振華賓館」，則為「國安部」特務派遣掩護機構。

各省、自治區、直轄市的「安全廳」（省區級）或「安全局」（市級），也陸續成立，如安徽省和江西省「國安廳」都是在一九九〇年成立。除部分地方以原「省委調查部」的人馬為主組建外，大多數地方的「安全廳」（局）幹部都由當地「公安廳」（局）人員調任。有些廳局若找不到新的辦公處所，就留在原「公安廳」（局）內辦公。不過，在一些內陸的省市裡並未設立「安全廳」（局），而在「公安廳」（局）內設立的「國安處」代替。

「國安部」的工作人員數量頗大，曾有媒體在一九八九年報導過部分省市國安廳局的人數，以北京局最多，有四三三四人；天津一六八一人；上海二一一一人；廣東廳二二四五人（廣州市非直轄市）；雲南五一八人；福建五〇一人；浙江六三三人；山東三四八人；廣西三三二人；

江蘇五三五人；黑龍江三五五人；吉林三九二人；遼寧二五九人；內蒙三八九人，光這十四個省市區就共有一萬四五七〇人。

從各廳局工作人數看，「國安部」境內重點工作地區是北京、廣東、上海、天津四個省市。除北京因是首都，為維護中央安全，人數居冠，不足為奇外，其他天津、上海、廣東三地，剛好是北、中、南沿海省市，足見中共認為境外間諜機關的諜員，多從這四個省市滲透入境，而「國安部」派赴境外特務也多從這些地方出境。另外的十個「國安廳」，均為沿海和邊疆省份，也都是國安重要省分，人數居次，相信西藏、新疆兩地人數大致也是數百到千人之間。至於內陸省市則非國安重點，人數應較少，或仍併在「公安部」一局內工作，即所謂「兩塊招牌一套人馬」，所以連同部本部和其他未列入之十六個地方廳局，「國安部」總人數約在二萬至三萬人之間。至於派到國內單位監視的「國安部」人員，因占用所在單位編制，人數則難估計。

「國際關係學院」成立於一九六五年，位於北京市海淀區西苑，毗鄰頤和園和圓明園，也被稱為「北京國際關係學院」。學院本科設有國際政治、國際經濟與貿易、英語、日語、法語、傳播學、法學、資訊管理與資訊系統、公共管理等專業；研究生設有國際關係、國際政治、世界經濟、英語、日語、法語、通信與資訊系統、應用化學等專業碩士點。原屬「中調部」特工幹部的訓練機構的「國際政治學院」，在「國安部」成立後，已併入「國際關係學院」。該學院還與另一培訓機構「中國現代國際關係研究院」聯合培訓國際關係專業博士生。

「江南社會學院」成立於一九八四年，為「國安部」的現職幹部（或稱「成人」）高等學校，又稱「國安部」行政學院，位於江蘇省蘇州市吳中區郭巷。原為「國際關係學院」蘇州分院。曾經有少量的「定向」招生，但在一九九九年已停止招訓。目前主要承擔科研與國安系統內部培訓任務。該校發行《江南社會學院學報》期刊，其對國家安全之研究被評為中共全國社科學報優秀欄目之一，該刊對外公開通訊址為蘇州市四十七號信箱。

「中國現代國際關係研究院」（原為「所」，英文簡稱：CICIR，位於北京市海淀區萬壽寺2號）。中共未公開承認「現代國關院」與「國安部」之間的關係，但被新華社「瞭望」雜誌於二〇〇九年踢爆為「國安部」之機構，美國國會「美中經濟安全檢討委員會」稱「完全隸屬於國安部第八局」；臺灣大學一份《中共對臺智庫角色之研究》報告也認為是「國安部第八局」。但第八局為「反間諜偵察局」，「現代國關院」實際隸屬還需進一步澄清。另也有說是中共中央「聯絡部」和「國安部」合組之研究機構。

該院專責國際情勢與臺灣外交的研究分析，並定期發行《現代國際關係》和《現代中國》等刊物。研究人員最多時高達五百餘人，號稱亞洲最大的國際關係研究院。美國中央情報局亦稱這是「國安部」的情報分析機構，工作涉及對美國的間諜活動。「中情局」每年都組團赴北京，與該院進行交流，業已實施多年。據「中情局」透露：該院六十%的研究和出版物，都涉及美國事務。而且該研究院在海外的研究人員都負有秘密蒐集情報的任務。美國媒體曾報導：「中國現代國際關係研究院」每年與美方舉行研討會，會故意透露「假情報」，企圖影響美國政府決策。

該院自二〇一三年起由季志業（專長俄羅斯、東歐、中亞研究）擔任院長，前任崔麗如曾任中共駐紐約聯合國代表團一等秘書（此一職位通常留給「國安部」特務擔任）。崔麗如與該院美國所所長袁鵬等人員，曾都在「國際關係學院」兼課或受過訓。

中共研究臺灣問題的真正智庫則是社科院「臺灣研究所」，社科院「臺研所」原即「中調部」所成立，專責臺灣情報的蒐集與分析，是中共目前最權威也最有影響力的對臺智庫。「臺研所」名義上雖隸屬社科院，但人事與經費均來自「國安部」，為「國安部」的局級單位。國府「國安局」曾指社科院「臺灣研究所」是「國安部」第十五局，但被中共否認。該所二〇一七年上任的新所長由「中國現代國際關係研究院」副院長楊明杰接任，證明確實屬於「國安部」的單位。

楊明杰，一九六五年生，北京大學國關學院博士，研究領域為軍控和亞太安全，曾到日本大學和美國哈佛大學費正清研究所擔任訪問學者。二〇〇九年十二月，受臺灣中興大學國際政治研究所邀請來臺，參加「變動中的國際安全與安全思維」座談會。二〇一八年三月美國總統川普簽署發布《台灣旅行法》同意臺美政府高層官員互訪，楊明杰發表專文說：兩岸恢復交流三十多年來，兩岸的力量對比已經發生質的變化。他認為臺灣問題之所以出現，美國是始作俑者。臺灣問題在中美關係中的嚴重性正持續上升。他強調兩岸關係發展是中國人自己的事情，對於臺灣問題，中共要有戰略自信。

「國安部」每天上午十時，將臺灣各大小媒體的政治、經濟、軍事、民生、社會動態等資料，彙編成冊，並研判有關臺灣政治、軍事及經濟等三大類的情勢，於當天下午三時三十分提報中共中央和國務院等相關機構。

另「上海國際問題研究院」（前身上海國際問題研究所）表面上屬於上海「社會科學院」，實際上也隸屬於「國安部」，美國司法部就指控「上海市國安局的情報人員利用上海社科院的名義作為掩護」。「上海國際問題研究院」位於上海市田林路，為中共十大智庫之一。其任務為：從戰略和政策角度對當代國際政治、經濟、外交、安全問題及中國的對外關係進行跨學科的研究，提供中共黨和政府決策的參考；透過與國內外研究機構和專家學者的合作交流，增強中共的國際影響力和國際話語權，提升國家的軟實力。「上海社科院」與臺灣學術機構有學術交流，並舉行學術研討會。

「上海國際問題研究院」院長為陳東曉，副

院長為嚴安林、楊劍、葉青（以上人事為二〇一七年資料）。下設七個研究所和六個研究中心，分別是：全球治理研究所、外交政策研究所、世界經濟研究所、國際戰略研究所、比較政治和公共政策研究所、臺港澳研究所、資訊研究所；美洲研究中心、亞太研究中心、俄羅斯中亞研究中心、西亞非洲研究中心、歐洲研究中心、海洋與極地研究中心。現有研究人員和科輔人員共逾八十人，其中三十人為資深研究人員。

該院較值得我們關注的是「臺港澳研究所」，該所名譽所長為許世銓，執行所長：嚴安林，副所長：邵育群，所長助理：張哲馨，成員有周忠菲、童立群、鄭英琴、季伊昕、俞新天、吳寄南、蔣曉燕、張建等人。許世銓，「國安部」國際關係學院畢業，曾任社科院「臺灣研究所」所長，並多次訪臺，也證明「臺研所」為國安單位。

「國安部」成立後，新進幹部來源，除「國際關係學院」招訓外，從部本部到地方的廳局，還可自行招考人員。據美國《紐約時報》中文網二〇一六年六月二十二日報導：上海華東師範大學在校內網站上發布一則《上海市國家安全局預選二〇一六年應屆大學畢業生的公告》。報考條件為男性身高一點七米以上，女性身高一點六米以上，沒有色盲。《公告》顯示，國安部門對計算機技能和中國少數民族語言人才的需求較高。招考對象：包括「計算機軟件、信息安全、通信技術等相關計算機方面專業」，以及「國際關係、國際政治、中文、歷史、新聞、哲學、對外漢語、法律等文科專業」的學生。在語言方面人才的需求，分三類：（一）外語：英語、日語、德語、法語、俄語或其它小語種；（二）少數民族語言：西藏語、維吾爾語、哈薩克語、蒙古語和其他少數民族語文；（三）方言：閩南語、客家語、粵語、吳語等。

華東師範大學證實，每年夏季「國安部」都會有這樣招考活動，不同的年份，招募需求也有所不同，標準也有所改變。一位校友在網上聲稱曾參加二〇〇七年十月「國安部」在北京一所大學舉辦的招考活動。錄用後有一年的試用期，起薪每月四千元人民幣，合同至少須簽十年。這種活動也在杭州的浙江大學、北京的中國政法大學和成都的電子科技大學舉辦過。

此外，中共自二〇〇八年開始在國內大學設立「情報學院」，為中共情報機構培訓間諜，每年各招收經過精心挑選的學生三十至五十人。第一所「情報學院」成立於南京大學，其後又分別在廣東、北京、上海（復旦大學）、西安、青島、哈爾濱、長沙（湖南大學）的大學裡，開設了七所間諜培訓學院。報導指出，這些新情報學院旨在改造和加速中共情報機構的現代化，培養受過最新的資料收集和分析方法訓練的間諜。上海復旦大學透露：「設立情報學院，是為了滿足在當代從事情報工作對特殊技能的要求」，「情報學院將利用現有的電腦科技、法律、管理、新聞和社會資源，進行特別的情報訓練」。

二、國安部喜色誘　策反各國及國府官員做內線

「國安部」偏好在境內吸收臺灣和外國人為其從事對臺或外國政府的情報工作。據美國前情報官員艾氏著作《中共情報系統》一書稱：「這種方法的主要好處就是：如果對象拒絕，中共情報官員仍然安全」。「國安部」對在境內的外國人，物色工作的對象主要是選擇外交官、政府官員、學者、記者以及商人。「國安部」還以研究學會和大學的名義邀請外國學者到中國講學或參加會議，並常為講學人士及其家屬提供所有費用。這些學者專家的專長都是「國安部」感興趣的領域，尤其他們在本國常能接近政府重要部門和決策官員，所以也是中共潛在吸收對象。

二十世紀八十年代後期，美國約翰．霍普金斯大學教授納瑞．英格爾曼赴南京大學協助創辦了一個講學中心。他的一位許姓女學生愛上他，向他承認她和其他幾位學生是解放軍情報官員，準備派赴海外工作。她說：所有中國境內的美國

教授的電話都被監聽，所有信件都被檢查偷看。「國安部」也企圖吸收生活在中國的外國記者，常用方式是以個人名義電話聯繫這些記者，表示要「提供機密消息」，當記者前來會面時，即以竊取情報罪名逮捕，脅迫與「國安部」合作。另一常用方法則是使用「美人計」。

自「金旡怠案」（詳下一章）後，「國安部」一直希望再滲透美國中央情報局，採取的手段則從傳統的發展華人之間諜方式，轉移為吸收美國出生的美國公民或華裔以外的其他族裔之新方式。一九九九年，時任中情局長的特內特即透露，起碼有三名「中情局」的官員曾為中共刺探情報，其中一名官員拿到北京的六萬美金。

「葛倫・達菲・施萊佛」案是一個企圖滲透「中情局」的著名案例。施萊佛一九八一年出生於美國，是道地的美國公民，二〇〇二年他曾到上海華東師範大學留學一年。二〇〇四年，他再次到上海考察學習。美國大學畢業後，他重返中國大陸想找工作，卻在上海被三名中共特務吸收，於二〇〇五年派回美國，企圖滲透進入美國情報部門工作。他連續五年申請中情局「國家秘密行動處」的職務。前四次他的申請都失敗，但仍然得到中共給予的七萬美元酬勞。二〇一〇年五月，施萊佛終於獲得「中情局」通知赴華府參加錄取前的最後面試和查核，他隱瞞了二〇〇七年曾去過中國，而被「中情局」在後續背景調查時，查出他曾與中共情報機構接觸被吸收的秘密。二〇一〇年十月，他在聯邦法庭認罪，坦承接受中共情報機構金錢和指示打入「中情局」工作，被判處有期徒刑四年。

由此可知「國安部」對吸收外國人為中共從事情報工作之重視，並將被招募的外籍情報人員，區分為長期運用和短期運用的兩類。中共對長期潛伏國外的外籍情報人員，為防止失聯，通常要求每三個月須有一封信來聯絡，每兩年須到香港一次與中共特務會面，但不能與中共駐外使領館有聯繫。

「國安部」對海外華人更感興趣，因為可利

用民族情感喚起他們幫助祖國的責任心來報效中共。中共將海外華人大致分為三類：即華僑（包括新移民）、出訪（含交流）學者及陸生、駐外人員及商人。西方國家的情報和反間機構就曾對中共運用海外華人從事情報工作，進行過調查研究，認為中共在改革開放後，為貫徹「全黨全民搞情報，利用民主反民主」之作法，已逐步建立起「具有中國特色」的情報工作手段，其特點有：（一）、吸收出國人員為中共工作，但將其家屬留在國內當人質；（二）、利用民族主義唆使留學生在留學國自覺或不自覺地為中共情報機構工作；（三）、把中共和中國混為一談，強調「愛國愛黨」和「亡黨亡國」，利用海外華人的愛國熱情，誘惑海外華人為其工作。同時收買或成立中文媒體，為中共宣傳和掩護情報工作。

在一九七九年中美建交之前，美國「聯邦調查局」就已擔憂，會有大批中共特務以留學生和商人身份進入美國。事後證明這種憂慮，果然成為事實。自中共改革開放後，由中國大陸赴美的留學生、訪問學者、經商、探親人員及家屬數量極為龐大，如連同老僑，在美華人多達數百萬人。據美國反間專家分析和《中國情報活動》（Chinese Intelligence Operations）一書估計，中共在當地華僑中吸收情報人員，或是以留學生、訪問學者和商人的名義向美國派遣間諜人員，「有幾百名中共間諜目前在美國活動」。

據中共前特工人員透露：中共對外間諜情報的活動中心在南非、澳大利亞和紐西蘭。許多進入美國及歐洲的特務，都是利用了這些國家作為跳板滲透歐美國家。事實上，冷戰結束後，中共已取代前蘇聯，成為向美國派遣特務最多的國家。這些中共特務被美國情報專家稱為「紅色中國的臥底魚」。美國《新聞透視》一九九七年十月六日報導說：中共情報人員在美國進行「地毯式」的情報搜集，即使大學的博士論文也不放過。「尤其是關於密碼分析、雷達和電腦系統控制導引、以及導彈失敗和燃料質量等相關博士論文」。據美國雷拉克斯（Xerox）屬下公司的報告，有人曾通過該公司把一百多部美國大學的博士論文複印後運往中國大陸。「國安部」派赴美國工作特工李鳳智，二〇〇九年在美投誠後，也證實說：「中共情報部門向美國等重要的國家派出了龐大的諜報人員，主要是蒐集軍事機密和竊取尖端科技。」

一九九九年，在美國爆發的李文和間諜案，就是中共著重蒐集軍事科技情報的例子。李文和為華裔核子物理學家，任職於美國新墨西哥州的洛斯阿拉莫斯國家實驗室，他被聯邦調查局指控為中共竊取美國W-88小型核彈頭的關鍵技術機密資料，使中國在建造戰略核武上節省無數時間與資源。

美國情報部門還因此向國會遞交了一份長達七百頁關於中共竊取美國核武機密的調查報告。據紐約《新聞報》（Newsday）報導：這份報告透露，中共竊取的美國導彈機密，並不僅是W-88和中子彈兩種，而是多達八種導彈機密。此外，「聯邦調查局」也曾調查了數百家中國大陸設在美的公司，許多公司涉嫌為「國安部」或共軍蒐集美國軍事科技情報。在第三任國安部長許永躍的一份報告中也證實與「國安部」有關的中資在美之公司有五百家之多。

一九九四年四月十八日的《時代》周刊報導：中共「國安部」於一九九〇年派遣學者吳斌（譯音），以南京大學哲學教授身份進入美國，負責蒐集美國軍事科技情報。吳斌抵美後第二年向「聯邦調查局」自首，並願意為美方擔任「反間」，刺探中共情報。不過吳斌不是真投誠，實際成了中共的「反反間」，在此後的一年半中，他一邊領取「聯邦調查局」的金錢，一邊繼續蒐集美國軍事科技情報，並竊得美軍夜視「激光可視鏡」，偽裝為藥品，企圖托運到香港中共「國安部」設在當地的掩護公司時，被美國海關查獲。吳斌在法院承認所犯間諜罪，被判刑十年。

一九九九年三月一日《紐約時報》報導，中共特務姚義，假藉加拿大某公司的名義，在美國波士頓購買做導彈導引器的器材，準備運往中國大陸前，被「聯邦調查局」逮捕。

《紐約時報》二〇一七年曾報導：二〇一〇到一二年間，中共曾破獲美國「中央情報局」在大陸的情報網，有十二名情報員遭到殺害，至少六人被監禁。這起美國在中國大陸重大挫敗的情報工作案，「中情局」查出係被該局前華裔工作人員李春興（Jerry Chun Shing Lee，音譯）化名李振成（Zhen Cheng Li音譯）所出賣。二〇一二年八月，「聯邦調查局」曾兩度秘密搜查李春興到維吉尼亞和夏威夷旅行時入住酒店的行李，搜到兩冊小筆記本，分別是記事本與通訊錄，紀錄了許多「中情局」的機密資訊。其中通訊錄多達二十一頁，詳細記載「中情局」在大陸的線民名單，和真實姓名、電話、線民與「中情局」人員的交談細節等資料。二〇一三年五、六月間，「聯調局」共訊問李春興五次，他皆未透露任何小冊子的相關訊息。李春興在被訊後返回香港，在港期間他仍與「中情局」前同事和官員見面。二〇一八年一月十五日美方設局引誘李春興自香港飛返紐約時，「聯調局」在甘迺迪機場將他逮捕，搜出他非法持有高度機密資料。李春興擁有美國籍，曾在美國陸軍服役，一九九四年到二〇〇七年為「中情局」工作，派赴中國大陸執行過任務。後因發展不順，帶著不滿情緒離開CIA，搬到香港居住。

除李春興之外，二〇一七年三月，國務院雇員克萊彭（Candace Marie Claiborne）被控出賣美國機密情報給中共，代價數萬美元和一臺筆電，以及招待海外旅遊渡假。六月「中情局」前幹員馬洛里（Kevin Patrick Mallory）被控至少將三份最高機密文件提供中共，嚴重危及美國在中國大陸的情報來源，而其所得報償僅二・五萬美元。這一連串的事件讓美方懷疑，中共已鎖定「中情局」離退幹員做為重要策反爭取的對象。這一結論，與英國情報機構看法一致。

美國《華盛頓自由燈塔》（Washington Free Beacon）二〇一八年三月引述美國「中情局」（CIA）的報告表示：中共每年投資約百億

美元在海外宣傳的媒體。「中情局」認為這是要「建造具有國際影響的媒體機構增加中國影響力」。在一個月前，「聯邦調查局」局長瑞伊（Christopher Wray）出席參議院情報委員會（Senate Intelligence Committee）作證時表示，正在調查數十個全美各地超過百多所大學中，中共資助的「孔子學院」可能是情報工具。中情局還指出中共社交媒體《微信》也是北京用來進行間諜活動的工具。超過十億用戶的《微信》，欲進入美國市場融資的同時，中共卻禁止美國社交媒體進入中國市場。同年一月底，「中情局」局長蓬佩奧（後任國務卿）曾向《英國廣播公司》記者表示，雖然俄羅斯干預西方國家的情況值得關注，同樣也需警惕中共的動作。他認為中共為滲透西方國家的情形不亞於俄羅斯。中共比俄羅斯擁有更多的資源去做自己想做的事情，「全美國都必須更有效地抗衡中國，令它不能悄悄地影響世界。」一月十九日在美國國防部公布的最新國防報告中指責中共和俄羅斯對美國的威脅已經超越了恐怖主義。

英國發明家詹姆斯・戴森（James Dyson）曾說：「一些中國學生假借學習之名來到英國讀書，實際上是為了監視並竊取英國高校的科技機密，甚至通過植入軟體病毒的方式以便在畢業多年後還能繼續從大學偷取資訊。」

總部設在比利時布魯塞爾的歐洲「戰略情報安全中心」主任克勞德・莫尼克曾說：西方國家已達成共識，明白警告中國留學生和新移民不要火中取栗為中共當特務，否則取消學籍或移民資格，甚至逮捕法辦。他並建議西方企業、科研單位和學術機構嚴格審查華人學者，儘量讓他們少接觸高精尖端科研項目，或進入高度機密的單位工作。他特別強調，中國一旦民主化，就不會再有這種限制。他希望西方國家歡迎中共情報人員投奔自由，只要他們提出政治庇護，立即批准，並儘量安排他們與家屬早日團聚。

「美色利誘」是「國安部」特工重要手段，現任「國安部」對臺特科處長李佩琪（該部唯一的女性處長，中共國防大學國際關係碩士），就成功色誘臺灣「國防部」情報次長室（聯二）駐泰武官羅賢哲上校。羅賢哲在二〇〇二年派駐泰國代表處擔任武官時，因好色成為中共特務鎖定策反，派出時年三十一歲的女特務李佩琪，持澳洲護照赴泰，設計與他認識交往。二〇〇四年羅賢哲陷入李佩琪的桃色情網，被李女策反成功，開始提供工作上所經手的極機密資料，並獲得豐富的報酬而無法自拔。二〇〇五年羅賢哲調臺，派任「聯二」國際情報處副處長，仍繼續與李女保持聯繫。羅賢哲並利用赴美公幹的機會，與李女在美幽會，交付情報和收取金錢。羅賢哲後於二〇〇八年晉升少將，二〇一一被偵破，判處無期徒刑。

據日本《讀賣新聞》報導：二〇〇二年三月，日本駐上海總領事館一名四十六歲已婚的電訊官，遭中共情報機關安排的美女色誘，脅迫其擔任內奸。這名外交官不斷被迫提供日本的外交機密文件，身心不堪壓力，走頭無路，於二〇〇四年五月六日夜在領事館值班室內上吊自殺。他在遺書中自白生前與上海一名卡拉ＯＫ女郎有「不正當關系」，而遭中共特務脅迫交出日本與上海總領事館往返機密報告。中共企圖根據這些機密報告內容，破譯日本外交通訊複雜密碼，截取日本外交機密。

二〇一一年，韓國駐上海總領事館有三名領事因同時與一名上海「國安局」鄧姓女特務有染，墮入中共「美人計」陷阱，將包括韓國政府內部人事信息、上海總領事館的緊急聯系管道、簽發簽證記錄，以及二百多名南韓政府、執政黨高層的電話號碼，包括南韓當時總統李明博競選時的電話號碼、第一夫人金潤玉的手機號碼，和當時南韓議員的個人聯系方式等情報，全部提供中共情報機構。三名領事後因為鄧女爭風吃醋，讓洩密事件曝光，被調職回國，接受調查。

據英國《星期日泰晤士報》報道：二〇〇八年一月，一名隨同時任英國首相布朗率領的代表團訪華之高級顧問，在上海某酒店舞廳內，被一位有魅力的中國女性搭訕，兩人熱舞後共渡一宵。翌日晨，該顧問起床時，這位美女早已不見蹤影，他隨即發現儲存有英國國家機密的黑莓手機不翼而飛，已被這位中共女特務竊走。

英國情報機關於二〇一五年十一月向首相卡麥隆（David Cameron）報告：中共利用「美人計」，色誘英國軍情六處（ＭＩ６）特工，套取機密。並強調中共派出的美女間諜，危害遠遠超過激進組織「伊斯蘭國」（ＩＳ）。英國多家媒體也引述軍情六處的一份備忘錄稱：「ＭＩ６」成員和家屬是中共間諜色誘的主要目標，特別是與中國大陸和香港有生意或利益來往的「ＭＩ６」前官員，更是中共間諜的頭號「獵物」。中共部署了「數以百計美女」，色誘前「ＭＩ６」情報人員，已有多名英國前特工被中方女間諜色誘成功。如果對方不受誘惑，則會另設局勒索脅迫。除了「ＭＩ６」外，英國其他部門的前公職人員也是中方特務的工作對像。二〇一四年《泰晤士報》曾報導，中共情報機構對各種信息有著巨大胃口，藉婚姻出軌或者性交易來敲詐英國官員，他們通過交朋友的方式蒐集信息。

自「網際網路」成為時尚交友方式後，中共情報機構也開始透過「網路交友」手段吸收境外間諜。據美國「聯邦調查局」二〇一七年六月宣布偵破一起中共間諜案：一名美國退休外交官馬洛里，曾任職「中央情報局」和國務院安全部門，因中文流利，派駐過中國大陸、臺灣、伊拉克等地。馬洛里被捕後承認，他退休後於二〇一二年二月間，在「社群網站」上認識一名中共「招募者」，對方安排他於三月間前往上海，見到二名「上海社科院」（該院「國際問題研究院」為「國安部」機構）人員，交給他一個「特殊通訊裝置」（Special Communication Device，「國安部」研發的科技間諜通訊器材），作為雙方秘密通訊和傳輸情報資料之用。經美方解密，在「特殊通訊裝置」中找到已刪除的八件美國政府機密文件。馬洛里曾傳訊中方：「你們的目的是獲取情報，我的目的是錢」，中方回覆：「我們會確保你安全無虞，讓你拿到報酬」，並鼓勵馬洛里回政府部門工作，以獲得更多情報。但四月間，馬洛里第二次赴上海與「國安部」特務聯繫回美後不久即被捕。

流亡美國中國民運領袖王炳章於二〇〇二年六月，即被中共特務透過網路設局，偽裝支持民運和表達參加民運組織意願，誘騙王炳章至中越邊界越境小城「芒街」會面，被中共情報機構勾結越南公安人員綁架，押回大陸，被判處無期徒刑（詳情請參閱拙作：《中國民主運動史——從中國之春到茉莉花革命潮》）。

「網路竊情」是「國安部」另一種新型情報蒐集手段。據美國網絡安全公司「火眼」（Fire Eye）二〇一七年的研究顯示，和網名「侵入真相」（Intrusion Truth）的網絡安全人士發現，並經美國麻州的網絡公司「記錄未來」（Recorded Future）確認：來自中國大陸的「ＡＰＴ３」駭客組織與廣州「博御信息技術有限公司」（Boyusec）之間有聯繫，而「博御公司」是中共「國安部」的「合作商」（實際是「國安部」所成立的公司）。「ＡＰＴ３」在最近幾年裡曾經攻擊過美國、澳大利亞、東南亞、香港等國家和地區的政府網絡。二〇一七年十一月二十七日，美國司法部指控三名服務於「博御信息技術公司」的中國駭客涉嫌駭入多家美國與國際企業，竊取商業機密。

二〇一六年美國國防部在一份報告中指稱：「博御」與「華為」公司一起與中共「國安部」合作攻擊外國政府的網絡系統，獲取情報信息。《紐約時報》同年報道：美國一些信息安全公司在多款中共製造的安卓手機上發現「後門程序」，該程序能搜集用戶的短訊、聯繫人、通話記錄等信息，經過過濾和分析後監視特定用戶的行蹤，還會將用戶的短訊和個人資料傳輸回中共大陸。「記錄未來」公司稱：「ＡＰＴ３」從二〇一〇年起開始活躍，主要攻擊美國的航空航天、防禦、建築、工程和政府機構等。ＡＰＴ３

還被稱為UPS、哥德熊貓（Gothic Panda）和TG-011。

三、短命部長凌雲　愛將逃美揭爆中情局內共諜

「國安部」首任部長淩雲上任不過兩年，就因一名親信北美情報司司長俞強聲於一九八五年叛逃美國，攜去大量情報資料，致使潛伏在美國「中央情報局」內長達三十餘年的中共老特務金旡怠（Larry King）被捕，而被迫「離休」。

俞強聲是時任湖北省委書記俞正聲（二〇一三年三月至一八年三月任全國政協主席）的哥哥，乃父是中共第一任天津市長黃敬。黃敬本名俞啟威，年輕時曾與江青（後成為毛澤東妻子）同居，也是江青加入共產黨的介紹人，和江青分手後，同范瑾結婚，生下俞強聲、俞敏聲、俞正聲三兄弟。范瑾本名許勉文，中共老幹部，文革前曾擔任北京副市長兼《北京日報》社長。黃敬在文革中被迫害致死，范瑾也被鬥，關進監獄，一九七五年獲釋。俞強聲投誠美國動機，應與父母在文革時被鬥爭有關。

據《美國之音》二〇一五年十二月十二日節目「解密時刻」訪問美國「聯邦調查局」中國反情報組前組長I C・史密斯透露：一九八二年「中情局」根據一位潛伏在中共內部的高級內線的情報（史密斯稱這位內線為「舵手」），指出美國情報界遭到中共間諜的長期滲透。隨後，「聯邦調查局」依據「舵手」提供的線索，開始對金旡怠進行調查和監視，並在機場嚴密搜查其行李和監視其行蹤得到證據，證實金旡怠是中共間諜，潛伏在中情局內部長達三十七年之久。

金旡怠於一九八五年十一月二十二日被捕，他的被捕與中共「國安部」負責美國情報工作的總負責人、北美情報司司長、外事局主任（應為「第二局」的下屬單位）俞強聲叛逃美國有關，俞強聲即「聯邦調查局」所謂的「舵手」。他於一九八五年十一月逃到美國，攜帶了金旡怠的檔案機密情報，「聯邦調查局」因而獲得金旡怠在中共「國安部」的代號和通信證據，金旡怠面對這

些證據，坦承提供給中共情報。美國政府指控金无怠，是中共情報部門少將副局長。

俞強聲叛逃後，因掌握了一批中共潛伏國外的特務名單，迫使一些長期以學者、商人身分為掩護的高級特務，匆忙逃返北京。香港出版的一本《中共情報首長》之書披露：「（俞強聲的叛逃）中共派駐東南亞的情報特務網遭到有史以來最嚴重的破壞，起碼得用五年時間才能重建」。因此引起鄧小平的震怒，下令將「國安部」部長凌雲撤職審查。時任中央政法委書記陳丕顯也被再三檢討後才過關。俞正聲因鄧小平之子鄧樸方的力保，才未下臺，並在習近平當權後，成為中共第四號人物，官至中共中央政治局常委、全國政協主席。

金无怠生於一九二二年，燕京大學新聞系畢業。抗戰期間為美國駐上海領事館（一說為美軍）擔任譯員，一九四四年被中共「中情部」吸收工作。中共建政後，金无怠於一九四九年轉赴香港，續為美國駐港總領事館工作。韓戰時被派赴韓國幫助美軍審訊中國戰俘，韓戰尚未結束，他於一九五二年打入「中情局」設在日本沖繩的「對外廣播情報服務局」工作，不久調至美國加州，最後成功進入維吉尼亞州「中情局」總部，並取得美國國籍。他在維州，先派在「對外廣播情報處」工作，因表現出色，被提升為「中情局」譯員兼分析員，得以接觸機密資料，他利用職務之便，向中共提供了龐大數量的「中情局」絕密情報。他在潛伏「中情局」期間先接受中共「公安部」的領導，一九八三年後轉移「國安部」聯繫。一九八一年七月，金无怠自「中情局」亞洲部退休，但仍被續聘為「中情局」顧問。

金无怠在「中情局」期間曾多次前去香港、澳門、多倫多和北京等地，直接向中共特務部門提供美方的秘密文件、照片和其他情報。「國安部」成立前，他的聯絡人為「公安部」的國際刑警組織「中國國家中心局」局長朱恩濤。一九八二年二月，他以旅遊名義掩護前往北京接受表揚，「公安部」授予他「海外情報局」副局長之官銜。

金旡怠於一九八五年被捕後，在「聯邦調查局」被偵訊時，辯稱他的間諜行為，對中美兩國建交有功：「我提供了美國方面願意修好的情報，毛澤東才做出了邀請尼克森訪華的重大決定」。金旡怠在獄中囑咐其妻周謹予（原為臺灣某電臺主播，韓戰時擔任美軍對共軍的心戰廣播員）赴北京見鄧小平，請中共能與美國談判，營救他回國。他幻想中共總書記胡耀邦訪美時會營救他，甚至以為美國政府會同意以他交換被中共囚禁的著名民運人士魏京生。然而中共卻堅決否認與金旡怠有任何關係，時任中共「外交部」發言人李肇星（後升任外交部長）在新聞發布會上說：「金旡怠事件是美國反華勢力編造出來的，中國政府愛好和平，從來沒有向美國和任何其他國家派遣過任何間諜。中國政府不會承認這件反華事件，也不認識這位自稱是中國間諜的金旡怠先生。」這是中共一貫作法，拒絕承認對任何國家或地區曾派出特務，凡在境外被揭露的共諜，那怕證據確鑿，中共都一概採取否認態度，任由這些對「黨和人民作出巨大貢獻」的特務在監獄中渡過殘生，甚至想方設法阻止其發言。

金旡怠被指控有六項間諜罪和十一項詐欺與逃稅罪。一九八六年二月，陪審團裁定金旡怠的十七項罪名成立，預定於三月四日宣判。但在宣判之前的二月二十一日，金旡怠在獄中自殺，他用塑膠袋套頭，以一根鞋帶繫在脖子塑膠袋外，窒息而死。盛傳：中共透過資助的紐約某華文報紙負責人藉探監時，轉達中共指示，要他自殺。因為他在前兩天，仍對自己獲釋的希望非常樂觀，曾將一份手稿交給這位左報負責人。金旡怠的遺孀周謹予出版了一本書《我的丈夫金旡怠之死》，她質疑北京特務為了滅口而殺掉了金旡怠。

四、賈春旺許永躍　兩位高幹子弟把持國安大權

繼凌雲之後，中共派北京市委副書記賈春旺

於一九八五年接任「國安部」部長。賈春旺父親賈庭三是北京市前副市長，高幹子弟受到特別拔擢，是中共政壇常見之事，所以賈春旺的出線，仍算慣例。賈春旺，生於一九三八年，北京人，清華大學工程物理系畢業，文革時曾被下放勞動，後回校任教，做到校黨委常委，轉往北京市委發展，自此仕途亨通，升任北京市委副書記，並兼市紀委書記。他除了高幹子弟身分外，可能也是因為具備「市紀委書記」經歷，所以胡耀邦在撤換凌雲時，就點名賈春旺出任「國安部」部長。但因賈春旺對國安、情報工作完全外行，在中共中央曾引起爭議。胡耀邦堅持：「我就是要他這個外行來領導國安部」。

胡耀邦的意思包含了「國安部」不能只搞情報專業，也必須「政治掛帥」，需要由具有政治頭腦的幹部來領導。賈春旺當時只有四十七歲，他以外行出任「國安部」部長時，正是因俞強聲的叛變，曝露了「國安部」內部山頭林立，勾心鬥角，以及領導幹部法治觀念薄弱，特權橫行的嚴重性。所以胡耀邦要選派一個有幹勁，未拉幫結派的年輕幹部去整頓這股惡風。更重要原因是賈春旺出身「共青團」，胡耀邦在一九八二年出任總書記後，就想建立效忠於他的情治系統，賈春旺正具有這樣的條件。所以在撤換凌雲時，就點名賈春旺接任部長。賈春旺上任後，歷經胡耀邦、趙紫陽被鬥下臺，和「八九天安門民主運動」，直到一九九八年接任「公安部」部長為止，整整做了十三年的國安部長，證明他的確有「政治頭腦」，才能在中共詭譎多變的政壇，左右逢源，屹立不搖。

不過，賈春旺也並非一帆風順，他上任後曾派遣一位品行不端的幹部徐源海赴日工作，以駐日大使館教育參贊身分為掩護，從事蒐集日本科技和產業情報，並監控留學日本的陸生。徐源海貪財好色，他曾將中共外交部在東京的國有地產賤賣給日本《奈良新聞社》，獲得回扣五億日元。徐源海還利用兼任「日中友好會館」常務理事之職權，以提供留日陸生廉價租金宿舍之誘因，吸收陸生當他的工作細胞，並趁機誘姦了十四位女留學生。其中一位山西省科委公費女留學生王新華，被他逼姦，羞憤自殺，徐源海為了掩蓋事實，迅速將王女草草火化了事。

一九九一年三月十五日，徐源海與他在日發展的外圍細胞、留日女學生李月華（曾任中共前外長黃華的秘書），一同入住東京市鬧區新宿一家專供情侶幽會的旅館，他因「馬上風」暴斃於旅館。日本警方獲報後，先行到達現場，取走了徐源海隨身攜帶的電話聯絡本，內有「國安部」派駐日本特務名單、工作關係和聯絡方式。「國安部」派遣赴日調查的專案小組，指責李月華在徐源海暴斃後處置不當，未先報告和讓中共大使館人員到達後再報警。

一九八九年四月十五日，中共前總書記胡耀邦因心臟病猝逝，北京大學生與市民湧往天安門廣場舉辦悼念活動，但因中共的處置不當，引起學生和市民的不滿，進而發展成為規模宏大之全國性民主運動，幾乎動搖中共的政權。鄧小平為維護共黨政權，下令軍隊以坦克、機槍於六月四日血腥鎮壓了「天安門民主運動」。「六四事件」後，中共內部支持民運之幹部將「民運」相關的中共機密文件偷運美國，於二〇〇一年出版《天安門文件》一書，披露了中共鎮壓民運見不得人的內幕。據文件透露：六月初「國安部」曾向中共中央提出報告，認為美國介入學生運動，期望藉此推翻中國共產黨的統治。這份報告在中共黨內成功營造出脅迫感，為之後採取軍事鎮壓找到了藉口。

北京市長陳希同在六月三十日的《關於制止動亂和平息反革命暴亂的情況報告》，也指責「動亂一開始就有海外、國外各種勢力插手。國民黨豢養的反動組織『中國民主聯盟』成員胡平、陳軍、劉曉波等人，聯名從美國紐約發出了《致中國大學生公開信》」，「『中國民主聯盟』的兩個頭頭王炳章和湯光中還急急忙忙從紐約飛往東京，企圖闖回北京，直接插手這場動亂」。陳希同的報告資料，是根據「國安部」提供的資料撰寫，證明「國安部」對海外陸生的監視，和對民運組織滲透之嚴重，並在中共一九八九年血腥鎮壓民運的決策中，起了很大的催化作用。而且中共於二〇〇三年二月根據「國安部」指控，判處王炳章（自越南綁架押回大陸）犯「間諜罪，判處無期徒刑，剝奪政治權利終身」，莫須有的指控他是國府「軍情局」的間諜。

陳軍、劉曉波在民運期間都回到北京，成為民運重要靈魂人物。劉曉波是六月二日繼學生在天安門絕食尾聲，接續發起新絕食行動的四名高級知識份子之一（另三人為周舵、侯德健、高新），也是在中共血醒鎮壓開始後，侯德健與共軍談判允許在包圍圈打開一個逃生小口，苦勸學生撤離天安門的關鍵人物之一，因而拯救了許許多多學生和市民得以逃過屠殺。二〇〇八年十二月，劉曉波因在北京發表《零八憲章》，而被中共判處十一年重刑。二〇一〇年十月，挪威「諾貝爾委員會」不畏中共抗議和恫嚇，毅然頒發給劉曉波諾貝爾和平獎。但中共拒絕釋放劉曉波，直到二〇一七年六月，確診劉曉波已是肝癌末期而准予保外就醫，七月十三日病逝於瀋陽，年僅六十一歲。

中共內部另有一份文件指責臺灣當局積極插手「六四民運」。該文件說：「自從北京等地出現動亂後，臺灣國民黨機關便指示其潛伏於大陸的特務份子加緊活動，並向大陸大量派遣特務，直接插手動亂和後來的反革命暴亂。臺灣國民黨特務的反革命活動，陸續被國家安全機關偵破」。

「天安門民運」前後，由於「國安部」派駐海外的特務知識水準較高，許多是以留學生身分為掩護，有些甚至打入海外民運組織「中國民聯」潛伏，因接觸了西方民主思潮，思想多已發生變化，嚮往歐美國家的自由民主。所以在「六四天安門屠殺」事件後，在海外就有數十名「國安部」特務反正投誠。最著名的是「六四血案」後一個月，「中國民聯」在美國洛杉磯召開代表大會，與會的「民聯」盟員邵華強公開承認他是「國安部」的特務，奉命滲透「民聯」。因中共「六四」屠殺學生，使他徹底覺醒，決心脫離中共。邵華強隨後向美國「聯邦調查局」自首，尋求政治庇護。「六、四」後中共大肆搜捕民運領袖，不少能夠外逃的民運份子就是獲得「國安部」特工暗中協助偷渡出境。

賈春旺在「六、四」時表現有功，並投靠了時任總理的「天安門血案」屠夫李鵬，因他在「政治正確」下，獲得中共元老們的保護，而未下臺，甚至在一九九三年還兼任「中央社會治安綜合治理委員會」的「總警監」。而「公安部」部長王芳因鎮壓民運不力，於一九九〇年十二月丟官下臺。

一九九五年四月北京市副市長王寶森因貪污罪畏罪自殺後，隨即有北京市「國安局」副局長李敏以下十餘名國安幹部因涉入此案貪瀆，畏罪攜款外逃。中共進一步調查，順藤摸瓜又揭發了北京市長陳希同的重大貪污醜聞案。一九九八年二月，陳希同被逮捕，七月判刑十六年。據大陸地下禁書《天怒》揭露：王寶森是江澤民為鬥倒陳希同，指示「國安部」派殺手殺害，並列舉了諸多證據。而就在陳希同被捕的次（三）月，賈春旺調任「公安部」部長，不難看出與調查陳希同貪污有功有關。

接替賈春旺出任「國安部」部長的是許永躍。許永躍，河南省鎮平縣人，父親許鳴真是中共老特務陳賡的秘書，曾擔任中央統戰部辦公室主任，國防科委辦公廳副主任等職，所以許永躍也屬於太子黨圈內之一員。他在一九六二年二十歲時，加入中國共產黨，被保送北京市人民公安學校。自一九八三年到九二年期間，曾擔任中共元老陳雲政治秘書、辦公室主任。一九八七年陳雲出任「中顧委」主任，拔擢許永躍為「中顧委」副秘書長。一九九三年調任河北省委常委，省政法委書記，九五年任省委副書記、仍兼省政法委書記。

一九九四年在河北省石家莊市西郊，曾發生一起強姦殺人案。當年十月，嫌疑人聶樹斌被逮捕，七個月後就執行死刑。當時河北公檢法機關曾提出異議，認為聶樹斌只有口供沒有其他證據，要求改判。二〇〇五年，真兇王書金被捕，坦承此案是他所為。在「一案兩破」，真兇供認不諱的情況下，曾是大陸媒體重大報導新聞。但因當年下令「要殺，而且快殺」，指示將兇嫌聶樹斌儘速槍決的省政法委書記正是許永躍，在真兇擒獲時，許永躍已是國安部長，權大勢大，正因他強力阻擾平反，家屬無法討回公道。直到二〇一六年，聶樹斌沈冤二十二年後，中共最高法院才宣判聶樹斌無罪，但人已被殺，平反也不能使他復活。

原河北省省長、省委書記程維高前後兩任秘書吳慶五、李真二人長期夥同「東方租賃公司」河北辦事處主任張鐵夢，侵吞國有資產。一九九三年十月，張鐵夢因涉嫌挪用公款被立案偵查。李真與吳慶五為張多方奔走活動，張鐵夢涉貪案不但被撤銷，還恢復了原職。二〇〇二年吳慶五、李真二人貪污終於爆發，分別被判處死緩和死刑，但始終未見媒體報導張鐵夢涉案部分。據香港《動向》雜誌披露，是因為時任省政法委書記許永躍打電話給省檢察長，下令釋放張鐵夢，而得以脫罪。此事曾引起省紀委書記劉善祥的不滿，向中央告狀，但因中紀委正是許永躍靠山，劉的告狀如石沉大海，無聲無息，一度成為河北官場「奇談」。

一九九八年三月，賈春旺卸任轉任公安部長前，中共中央遴提接替人選時，盛傳以軍委副總參謀長負責「情報部」工作的熊光楷，或上海市「國安局」局長蔡旭敏二人呼聲最高。結果由許永躍以「黑馬」（西方媒體的形容，因他名不見經傳，未曾出現在中共中央決策階層的外事名單中）之姿出線，接替賈春旺，出任第三任「國安部」部長。

傳言，陳雲晚年因常到上海養病，日常聯絡工作都由許永躍與時任上海市長、市委書記的江澤民接洽處理。香港《前哨》雜誌二〇一五年五月號報導說，一九八九年「六四」前夕，江澤民突然被上調進京。當時大陸政治局勢緊張，江不知上調的真實原因，內心忐忑不安。他搭機抵達北京後，由許永躍接機，許向江透露鄧小平和陳雲提拔他接任中共總書記的消息，江澤民因而吃了定心丸，對許永躍心存感激。其次，江澤民在接任總書記後，每次拜會陳雲，許永躍都選在陳雲身體較好、精神狀態最佳的時刻安排接見，並乘機極力逢迎江澤民。當時江澤民剛進京，雖然到處哈腰點頭，但大多數太子黨都瞧不起他只是個地方諸侯出身的情況下，許永躍對江澤民的輸誠便顯得很重要。後來，接任江澤民的上海市委書記朱鎔基能夠在一九九一年上京接任國務院總理，也同樣是獲得陳雲的首肯。江澤民、朱鎔基二人為了感恩圖報，投桃報李，於是優先提拔許永躍出任「天下第一部」的「國安部」部長，自然不是熊光楷和蔡旭敏等人條件所能比擬。

許永躍上任國安部長後，也曾雄心萬丈，企圖有所作為。為了表示他的決心，有利推動工作，常對部屬說：他已獲得曾慶紅（時任中央書記處書記、中央辦公廳主任）全力支持。據媒體引述中共內部消息說，曾慶紅曾想利用「國安部」的監聽系統，作為對於中共內部幹部審查的一種有效工具，卻被賈春旺婉言拒絕。許永躍上臺後，開始使用此系統監聽中共幹部，國外媒體因此批評「國安部」變成了前蘇聯的「克格勃」。

許永躍的改革，在「國安部」內遭遇種種阻撓，推動困難。他發現主要是前任部長賈春旺在位太久，形成了一個忠於賈的圈子。許永躍多次向中央的報告，和給曾慶紅的秘密報告中都指責「國安部」的幹部無能和墮落，將責任歸罪於親賈春旺的一班人。他並藉改革之名，開始鏟除賈的人馬。

他在「國安部」確實禁止了某些貪污的作法，如他嚴令廣東「國安廳」停止出售赴香港單程證件。在此之前，廣東「國安廳」出售香港單程證件給商人到香港搞「情報」已經達到公開競標，價高者得標的地步。在二〇〇二年時一張香港單程證件，可賣到一百五十萬人民幣。大陸商人搶購到單程證件後，即將在國內的非法資產通過「國安部」正規管道轉移到香港。當時海外盛傳大陸有大批資金突然外流香港，其中大部份是通過「國安部」的途徑非法流出。前遠華走私案主嫌賴昌星的資產，即以此方式移轉到香港。時任國務院總理朱鎔基曾追查此事，「國安部」辯稱是情報工作經費，其中部份經費是經過香港轉進臺灣，以影響臺灣政經，輕鬆矇騙過關。不過據中共內部消息稱，這些資金很多是高幹子弟，和非法商人打著「國安部」的旗子，轉移國家和個人非法資產。

許永躍曾有一份給曾慶紅的報告，表示他到任前認為「國安部」作為國家最核心和最神聖的情報偵察機關，一定很有成績。但他上任後發現實際並非如此，除保密工作尚能做到外，很多工作沒有開展，或者是大打折扣。他在報告中強調：「國安部」的偵察工作，這些年已經萎縮；在國外工作方面，中央認為「國安部」在美國有不下五百家公司企業，每家公司都是一個情報站，花費了龐大的國家財力、物力、人力，卻不能完全掌握海外的情況。許永躍承認「國安部」在西方的工作人員確實很多，但大多是照顧高幹子弟出國，或是地方「國安廳」所搞的以營利為主的公司，真正認真從事情報工作的單位，只有少數幾個，而且長年經費不足。

據媒體報導，「國安部」當時年度活動經費超過五十九億（人民幣），十分龐大。許永躍顯然在暗示：部分工作經費被貪污了。另據中共內部消息，國家安全部門的腐敗在各黨政機關中是最嚴重的，但是由於這個部門的特殊性，中央紀律檢查部門沒有權力介入調查。公安部門的腐敗最多只是損害一點「小民」的利益，而國家安全部門的腐敗則是影響全局的。

「國安部」內的確充斥著太子黨和搞特權者，據二〇〇九年在美國尋求政治庇護的「國安部」特工李鳳智，在接受媒體專訪時說：因為國安、公安部門有很多利益可圖，導致太子黨或是有背景的人動腦筋想要進入這些部門。「這些人是為了金錢、權力進來的，他們不是真正喜愛這份工作，這樣的人充斥在系統中。」

許永躍執掌國安部九年半，初期的確受到江澤民、曾慶紅的重用。在胡錦濤、溫家寶上台後，許永躍的「國安部」成了江、曾暗中遙控的獨立王國，對胡、溫陽奉陰違，不受指揮，而且公器私用，利用「國安部」特權玩弄權術和打擊政敵，也成了繼胡錦濤之後接任總書記的習近平必須整肅「國安部」的原因之一。

但是許永躍的下臺，卻是栽在二〇〇七年的「公共情婦門」上。「公共情婦門」案曾轟動一時，被媒體大幅報導，女主角李薇長袖善舞，是多位中共高幹的情婦。媒體曾報導：因陷入「公共情婦門」並送進「秦城監獄」服刑的高幹，有：雲南省前省長李嘉廷、前山東省委副書記杜世成、中國石化前董事長陳同海、北京市前副市長劉志華、最高法院前副院長黃松有、國家開發銀行前副行長王益、「公安部」部長助理鄭少東等人。被迫提前退休的高幹除許永躍外，還有中共前財長金人慶。「維基解密」二〇一一年曾披露美國駐上海領事館二〇〇七年九月發給國務院一封電文，標題是《與敵人共枕》，內容指金人慶與一名交際花女子關係曖昧，而此女還和幾位中共高官有曖昧關係。電文透露這名女子自稱是「為中國軍方情報部門工作」，但中共調查人員認為她是台灣的「特工」。另有多名省部級的官員也深陷「情婦門」被迫離休，大概因職位不夠高，中共未公布他們姓名。

中共調查發現許永躍憑藉其手中大權，曾批准發給李薇到香港的有關證件、特別開銷，更給予她執行「特別任務」的國安要員的名義出入香港。許永躍還請時任廣東省「公安廳」刑偵局長鄭少東（後升任部長助理），協助李薇在廣東惠來設置戶籍。李薇因而常以特殊身份往來港澳、大陸之間。香港《前哨》雜誌稱：「公共情婦」案令中共領導高層震怒，「尤其是許永躍的低智商、低情商、低級趣味，飢不擇食地與相貌平平、人老珠黃的四十四歲李薇濫交，讓國際情報界恥笑。」

許永躍在二〇〇七年時已屆退休年齡六十五歲的規定，中共考慮到許永躍主掌「國安部」長達九年，掌握黨和國家太多機密，如果處理不當，矛盾激化，可能牽出更大範圍的麻煩，收不了場，因此決定讓許永躍在二〇〇八年第十一屆「人大」會議審議國務院換屆時，以「屆齡正常退休」方式離退，避免爭議。但因「高官公共情婦門」，「性質惡劣，影響極壞」，中共高層忍無可忍，最後決定提前於二〇〇七年八月三十日，第十屆「人大」常委會第二十九次會議就把他免職，任命耿惠昌接替為「國安部」部長。

二〇一五年一月「國安部」副部長馬建落馬，曾提拔馬建的許永躍因而被監視居住，不允許出京。他見什麼人、到哪裡去，必須向有關部門報告或請示。許永躍是曾慶紅的親信、江澤民派系的要員。他涉周永康案，涉馬建案，也涉及「國安部」的許多貪腐案件。

五、耿惠昌做不好　陳文清出任部長整頓國安部

耿惠昌一九五一年生，河北樂亭人，大學學歷，曾任北京「國際關係學院」美國研究所副所長、所長（一九八五－一九九〇），專門研究美國社會，著作有《美國的新右翼運動》等書。一九九二年調任「中國現代國際關係研究所」所長，該研究所為中共「中聯部」、國務院「國安部」合辦的機構。一九九八年三月許永躍接任「國安部」部長。九月耿惠昌升任「國安部」副部長兼黨委副書記。從這個簡歷看，一九九八年前，耿惠昌沒有任何政法工作經歷，他從一個學者調升副部長，顯然在彌補許永躍的學歷不足，和中共企圖藉他對國際情勢的瞭解，開拓歐美國家的情報工作，而且在九年後的二〇〇七年八月升任國安部長，他是第一位內升的部長。

耿惠昌之所以接任國安部長，有兩種說法：一是許永躍去職時，向江澤民推薦耿惠昌，江徵求曾慶紅、周永康的意見，都認為耿惠昌是最佳

人選。時任總書記胡錦濤因而被迫放棄自己的人選，忍氣吞聲核准耿惠昌升任國安部長。許永躍越過胡錦濤向江澤民推薦接替人選，可能是為維續江派掌控國安系統的勢力。另一說法恰恰相反，指耿惠昌是胡錦濤的親信，才被任命為國安部長。但從耿惠昌上任後的公開活動，經常不離周永康左右。而二人關係良好，的確可從三件事看出：（一）二〇〇八年北京奧運會結束後，周永康在的「奧運安保工作大會」上，曾公開讚揚耿惠昌「高標準完成各項安保工作」；（二）耿惠昌於二〇一一年曾陪同周永康出訪亞洲五國，這是他為數不多的外訪活動之一；（三）周永康於中共「十八大」卸任中央政治局常委暨中央政法委書記職位退休，會前周永康曾推薦耿惠昌為新一屆政治局成員候選人。由這三點可見二人關係匪淺，因此第一種傳說，較有可能。

二〇一二年二月，重慶市副市長王立軍逃入美國駐成都總領事館，尋求政治庇護。耿惠昌派副部長邱進及多名幹部，包括「國安部」特務孔濤（周永康的乾兒子、北京亞洲大酒店董事長），飛往成都將王立軍押解北京。據香港媒體報導，周永康曾指示耿惠昌勿將王立軍移交中紀委的專案組調查，激怒了胡錦濤和溫家寶，耿惠昌才被迫交出王立軍。正因如此，王立軍揭發了周永康和重慶市委書記薄熙來密謀政變，鬥倒即將接任總書記習近平的計劃（請詳第捌章第一節）。

隨著習近平上任總書記後的大力反腐打貪，周永康轄下的「政法幫」、「石油幫」、「秘書幫」先後被清理，但耿惠昌卻能暫時避開此一風暴。據悉有兩個原因：（一）是「國安部」使用先進的反間諜技術，偵察到王立軍逃入美國領事館前，長期利用重慶公安局竊聽設備，監聽中共中央領導人的保密電話，幫助中央揭發了「薄熙來、周永康集團」的政變陰謀有功；（二）中紀委曾對耿惠昌進行調查，沒有證據顯示耿惠昌參與周永康的陰謀政治活動，或參與周永康集團利用職權謀取不法利益及收受賄賂等違法活動，也沒有發現有涉嫌嚴重違紀之問題。

二〇一三年十二月，中共中央政治局常委會決議對周永康的貪腐違紀進行核查時，耿惠昌事前已從蛛絲馬跡判斷周永康將被整肅，即開始設法與周永康劃清界線。二〇一四年三月，他在《求是》雜誌撰文提出：「大力加強國家安全機關黨風廉政建設，完善具有國家安全機關特點的懲治和預防腐敗體系，確保國家安全幹警始終堅守共產黨人的精神高地，始終保持浩然正氣。」企求自保。

二〇一四年七月二十九日，中共中央正式對周永康立案審查。耿惠昌立即公開切割與周的關係，次日他在西苑「國安部」禮堂召開副局級以上幹部大會，傳達政治局對周永康立案審查和處理的決定，並高調表態：「堅決擁護中央對周永康嚴重違紀案的處理決定」，並要求全體幹部擁護中央決定，劃線站隊。從二〇〇七年至二〇一二年，就在這個禮堂上，耿惠昌講過無數次的「擁護永康同志領導、維護周書記（中央政法委書記）權威、貫徹周主任（中央社會治安綜合治理委員會主任）指示」等吹捧奉承的話。而今又大講反周永康，肅清周永康影響的話，前後判若二人。十二月十六日，他再次在《求是》雜誌發表一篇〈全面提升國家安全工作法治化水平〉的文章表態。諷刺的是，耿惠昌的第一副手馬建就在這篇文章發表一個月後，因貪腐違紀落馬。

耿惠昌任內「國安部」風波不斷，第一個「出事」的，不是馬建，而是副部長陸忠偉的秘書李輝。二〇一二年六月十五日，英國「路透社」引據兩位「直接瞭解此案」的消息來源說：從二〇一一年開始，中國派到美國的特工多次被偵破，使中國在美的間諜網元氣大傷，總書記胡錦濤為此震怒，下令徹查。《紐約時報》也報導，北京外交圈盛傳「國安部」逮捕一名英語很好的內部官員，是「某副部長的秘書」，中了美國中央情報局的「美人計」，被招募為間諜，涉嫌將中共機密情報提供美國「中央情報局」，連帶中共的全球諜報網也被美國掌握，他並獲得豐厚報酬。「路透社」進一步披露，這位被捕的「鼴鼠」，是「國安部」副部長陸忠偉的秘書李輝。李輝被美國策反後，提供了大量中共情報，其中包括「國安部」和「公安部」之間的內鬥情報。李輝被捕後，正值北京面臨即將於十一月召開「十八大」會議，和中共領導階層換屆的政治敏感時刻，必須儘快處理此醜聞並封鎖消息，因此陸偉忠未受到懲罰，而「被」以健康不佳為由提前離退。陸忠偉曾任「中國現代國際關係研究所」所長，二〇一一被耿惠昌提拔為副部長，因耿也曾擔任過此職，透露了二人關係之密切。

第二個出事的即馬建。據港媒報導，周永康曾指令「國安部」秘密建立了一個包括習近平、李克強（國務院總理）在內的全國廳局以上，數以萬計領導幹部的個人資料庫。中共調查發現是周永康越過耿惠昌，私自指示「國安部」幹部所為，利用國安情報系統「單線負責、互相隔離」的特殊性質，直接插手「國安部」的工作。而這個黑檔案庫，是由分管「反恐」和「反間諜」工作的副部長馬建負責，時任「中辦」主任的令計劃也通過這個資料庫收集官員黑材料。美國《華盛頓郵報》認為，馬建可能是連接周永康與令計劃的「關鍵鏈條」。

英國《星期日泰晤士報》引述北京外交界的消息說：周永康經常私會外國情報機關首腦，並洩露有關中共的「反恐戰爭」、阿富汗境內的「東突」分子、朝鮮「核計劃」和伊朗原子能研究等機密情報。而這些情報是由「國安部」第八局（反間諜偵察局）提供。《華爾街日報》和《華盛頓郵報》的報導則指出，馬建被查後，儘管中共對相關案情始終不予置評，但外界從周永康、令計劃案中細節裡透露了二人所涉及的「洩露國家機密」，以馬建為首的一大批國安官員可能在其中扮演了一定角色。

馬建，一九五六年生，江西人，畢業於西南政法學院，長期在「國安部」工作，歷任副處長、處長、副局長、局長、部長助理等職，二〇〇六年升任副部長。他曾領導「第十局」（對外保防偵察局），負責監控駐外機構人員及留學生，偵查境外「反動組織」活動。香港《南華早報》曾報導：「馬建有三十年國安部門工作經驗，專責反間諜業務運作，接任部長的呼聲甚高」。但他卻在二〇一五年一月遭到「雙規」（要求在規定的時間、地點就案件所涉及的問題作出說明，指黨員在接受檢察機關調查前先受到黨內調查和限制人身自由的一種隔離審查），三月北京多家媒體稱：馬建是因與商人郭文貴有利益勾結而犯事。郭文貴為大陸房地產商人，曾在「胡潤百富榜」中排名七十四，他因涉嫌行賄罪，於二〇一三年十二月出逃美國，被中共透過國際刑警組織通緝。

二〇一六年十二月三十日，中共中紀委監察部網站公佈：「馬建嚴重違反政治紀律和政治規矩，對抗組織審查，轉移、藏匿涉案財物；違反組織紀律，不按規定報告個人房產等有關事項，違規為家屬辦理出境證件；違反廉潔紀律，利用職務上的便利為親屬經營活動謀取巨額利益；違反工作紀律，濫用權力干預執法司法活動；利用職務上的便利為他人謀取利益並收受巨額財物，涉嫌受賄犯罪」，「馬建在十八大後『仍不收斂、不收手，性質惡劣、情節嚴重』，決定給予其開除黨籍、開除公職的處分，收繳其違紀所得；將其涉嫌犯罪問題、線索及所涉款物移送司法機關依法處理。」

二〇一七年四月網路上流傳一段長約二十分鐘的馬建自白錄影，他坦承與郭文貴有利益勾結，曾以「國安部十七局」（企業局）的名義，要求北京市「公安局」以涉嫌敲詐，查處郭文貴的商業競爭對手曲龍，並為扳倒「不配合」的北京副市長劉志華，偷拍其性愛視頻，呈報中南海等。導致曲龍被法院以職務侵佔罪，判刑十五年。曲龍聲稱係因股權之爭，被郭文貴和馬建合謀陷害。馬建稱：在郭文貴要求下，他多次出面安排「國安部」相關部門刪除了至少十次網上對郭文貴個人的負面報導。馬建承認曾在郭文貴收購民族證券股份時，因有記者常發表郭文貴的負面消息，馬建派人持公函約談該記者，和施壓報社「消聲」。因此郭文貴陸續賄賂他總值約六千萬元（人民幣）的財物，包括兩個總值三千多萬港元的香港「太古城」房產、兩次以「借錢」的方式為馬建及親屬提供資金，以購買郭文貴在北京開發的六間住宅和十間寫字樓，然後再由郭文貴購回，馬建和其親屬因而淨獲利二千多萬元。此外，二〇一四年馬建赴香港出差回程時，郭文貴送他十萬港元；另一次馬建到香港，郭文貴為他訂製一套西裝和皮鞋等高昂物品，花費二十萬港元。

第三個出事的是北京「國安局」局長梁克。據美國《紐約時報》報導，梁克涉嫌竊聽、監視包括有胡錦濤、習近平和中共中央政治局常委之電話、行蹤，並將這些監聽監視資料，和北京「國安局」蒐集的情報提供周永康。在「十八大」之前，周永康還命令梁克竊聽李克強、溫家寶，以及二人家屬和助手的電話，企圖取得黑資料，要挾李、溫二人同意他提出的人事安排。

其他因貪腐落馬的還有西藏「國安廳」廳長樂大克，他是曾慶紅的心腹，繼馬建垮臺後，第一個被調查的西藏省部級幹部。

另據港媒透露，二〇一〇年「國安部」曾策訂一項「M行動方案」，直接派特工到西方國家秘密跟蹤西方間諜的行動。該計劃是「第八局」（反間諜偵察局）下屬的一個處長提出的行動方案。耿惠昌出身國際關係研究學者又是國安部長，應該知道任何國家絕不允許他國間諜在其國內從事非法跟監任務，更何況跟蹤的對象是駐在國的情報人員，是嚴重侵犯他國主權的行為。耿惠昌竟然同意此一方案，而且上報周永康審批。周永康同樣無知，就擅自逕行批准實施，即未報告總書記胡錦濤，也不提報中共中央外事領導小組，更沒有知會外交部。「M方案」已實施多年，在國外（包括臺灣和亞洲國家）跟蹤疑似間諜，甚至在已被發現的情況下，仍進行半公開的跟蹤。港媒評論，周永康和耿惠昌這兩個國際法法盲，批准了「M方案」，埋下了挑釁西方主權的大炸彈。如果一旦被西方國家偵破，逮捕並審判執行跟蹤任務的國安特務，將帶給中共無限外交難題。

由於「國安部」貪污腐敗問題嚴重，成為中共黨政軍各部、委中的重災區，也被認為是習近平的「心腹大患」。習近平決心成立「國家安全委員會」，以整頓「國安部」和各特務機構，從江澤民、周永康等手中奪回國安大權。二〇一三年十一月，中共即於十八屆三中全會提議成立「國安委」，再兩個月，中共中央政治局於次（二〇一四）年一月通過成立「國安委」，雖名為國家，實隸屬中共中央，以繞開「人大」立法的門檻。四月中旬立即召開「國安委」第一次會議，正式運作，全程不過五個月，足見其急迫感（請詳第捌章第一節）。

在成立「國安委」的同時，習近平即進行整頓「國安部」。二〇一三年十二月，周永康親信孔濤在北京被拘留審查；二〇一四年二月二十一日，梁克被免去北京市「國安局」局長職務；二〇一五年一月十六日，中紀委公布「國安部」副部長馬建涉嫌嚴重違紀違法，接受審查。

「國安部」副部長邱進，曾任「國安部」部長助理和「八局」局長，二〇一二年因赴成都從美國領事館押解王立軍回北京登上了報紙。港媒一度傳出：他因與周永康關係密切，已於二〇一五年一月十六日被中紀委帶走調查。但中共喉舌《人民日報》於二月十二日，刊出邱進撰寫《以總體國家安全觀為指導學習貫徹反間諜法》的文章，稱境外間諜情報機關不斷加大對中國間諜情報活動的力度，包括策反發展人員，刺探竊取國家秘密，開展各種滲透破壞活動，對中共國家安全利益造成了嚴重的危害。並稱：中共在二〇一四年底頒布的《反間諜法》（請詳第捌章第三節）是維護國家安全的第一部專門法律，要求民眾支持配合反間諜工作等。一般認為《人民日報》刊登這篇文章，是為邱進被拘押「闢謠」，因為以往極少有「國安部」高幹公開發表文章或出席公開活動。不過，有媒體稱：令計劃在二〇一四年底落馬前一星期，也曾在中共黨媒《求是》雜誌上發表署名文章，全文至少十六次引述習近平的講話，但仍未免於被拘捕。

耿惠昌與周永康有著「說不清理不斷」的曖昧關係，所以周永康被捕後，耿惠昌實際上已被邊緣化，處於勉強留任的尷尬地位。二〇一五年一月十三日，英國《金融時報》報導：「一名知情人說，很清楚耿惠昌已經被邊緣化，他只想撐到二〇一七年退休」。在同年五月十九日，中共在北京舉行的「國家安全機關大會」上，耿惠昌姓名已未出現在新華網公布名單中。

耿惠昌在主持「國安部」期間國安幹部違規事件層出不窮，達到了歷史高峰。習近平上任後就想整頓「國安部」，尤其副部長馬建的醜聞，被指是公器私用的典型。所以陸忠偉、馬建先後下台或被查，耿惠昌身為部長，難辭其咎，未能熬到二〇一七年退休，就提前於二〇一六年十一月被免去「國安部」部長職位。海外媒體認為耿惠昌被免職的真實原因，仍是他與江派人物曾慶紅、周永康等關係過於密切。但耿惠昌被免職後，被增補為中共全國政協委員，並任命為港澳臺僑委員會副主任，不過這兩個職務都是閒職。所以有分析認為，這不過是耿惠昌被整肅前的一種過度手段。

耿惠昌下臺後，接任者為「國安部」黨委書記、副部長陳文清。陳文清，一九六〇年生，四川仁壽人，父親為公安警察。一九八四年七月，畢業於西南政法學院（現西南政法大學）法律系，分發公安系統任職，歷任派出所副所長，公安分局副局長、局長，四川省樂山市公安局副局長、局長。一九九四年八月到九八年一月，任四川省「國安廳」副廳長、廳長，兼四川省政府副秘書長。二〇〇二年四月，任四川省人民檢察院檢察長（全國最年輕的省級檢察長）。二〇〇六年八月起調福建省，歷任省委常委、省紀委書記（最年輕的省級紀委書記）、省委副書記。中共總書記習近平曾在福建省任職十七年，二〇〇二年轉調浙江省。陳文清自四川調福建時，福建省委曾徵詢已調任浙江省委書記的習近平之意見。習近平看過陳文清的檔案後，認為陳年輕，有發展潛力。二〇一二年「十八大」，習近平接任總書記後，王岐山組建新的「中紀委」，即請示習近平同意，調陳文清出任中紀委副書記。港媒根據福建官場消息說，陳文清雖非習的舊部，但才能受到習的賞識。

二〇一五年四月，中共調派陳文清擔任「國安部」黨委書記、常務副部長，事實上是代部長，主持實際工作，耿惠昌成了虛位部長。港媒稱：習近平，王岐山、孟建柱（政法委書記、中央社會治安綜合治理委員會主任）認為陳文清出身法律專業，熟悉法律法規，又長期在政法部門任職，擔任過六年福建省紀委書記，參與中紀委「反腐打貪」工作三年多，是王岐山的「打虎」幹將，因此將他推上了「國安部」部長接班的位置，希望陳文清在「國安部」強力反腐，嚴厲整肅腐敗分子，和整頓該部領導班子。

五月十九日，習近平出席「國家安全機關會議」，強悍要求在國安系統任職的幹部要「絕對忠誠」，國家安全機關要「從嚴管理」。他提出：要努力打造一支「堅定純潔、讓黨放心、甘於奉獻、能拼善贏」的幹部隊伍。這十六字隨即成為國安系統工作的最高指導方針。

香港媒體《前哨》稱：根據國安人士可靠消息，二〇一五年四月，中共中央政治局就已決定免去耿惠昌的「國安部」部長職務，由陳文清接任。由於需要全國人大常委會通過任免，因此暫時任命陳文清為「國安部」代部長，不對外公布。但也有媒體說，調派陳文清去「國安部」，一開始即遭遇到阻力，幸因「國安部」正「鬧副部長荒」，二個副部長陸忠偉、馬建已接連出事下臺，另外兩名副部長孫永海（一九五二年生，曾任國安五局情報分析通報局長）和董海舟（一九五三年生，曾任天津市國安局長），都是超齡留任，在此情形下，陳文清才得以先出任副部長，代理部長。中共原定於同年七月即提交「人大」通過任命，但因高層內部未能達成一致共識，這個任免程式不得不推遲。

陳文清的真除命令一再延宕，港媒稱另一原因是「國安部」內部為了阻止陳文清擔任一把手，有人舉報：（一）四川是周永康的老巢，陳文清發跡於四川，長期又在政法部門工作，一路被周永康提拔，指控他是周的「四川幫」成員。中共經過調查，沒有發現證據證明陳文清參與周永康和「四川幫」朋黨的貪腐活動，陳、周二人基本上是正常的上下級關係，不是周永康幫派成員。也有學者分析，陳文清自四川調到習近平的地盤福建工作六年，早已依照中共官場的陋習，脫離了江、周陣營，投靠習近平、王岐山，並獲得了信任。事實上，「十八大」後陳文清不但是「周永康專案組」的負責人之一，還親自參與調查周案，是有功之臣。（二）陳文清與落馬的副部長馬建是西南政法學院同班同學，關係非常密切，兩人都曾得到「國安部」前副部長牛平的提拔。但因馬建是在二〇一五年一月下臺，陳文清尚未到職，已不可能發生隸屬和工作關係。

除了國安內部反對之外，還有一些來自中央的離退休老幹部，也竭力阻止陳文清擔任國安部長。他們擔心習近平會指令具有省紀委、中紀委副書記背景的陳文清利用「國安部」特務系統，調查他們和家族的貪污腐敗證據；更擔心陳文清在海外調查他們隱藏的巨額資產。正因為來自各方阻力很大，陳文清的任命遲遲未發布。

但是，據國安內部消息人士透露，過去二十多年，「國安部」一直受江派人馬操控，對於新上任的總書記習近平而言，掌握軍權固是第一要務，而控制國安系統就是第二要務，並且刻不容緩。二〇一六年十月中共十八大六中全會確立「習核心」地位之後，十一月習近平立即確定國安部長人事，正式真除陳文清為「國安部」部長、黨委書記、中央政法委員。距他上任副部長代理部長，已經一年七個多月。也成為中共「國務院」現任第二位「六〇後」的年輕部長（另一位為環保部長陳吉寧）。二〇一八年續兼任「國安委辦」常任副主任，「分管日常工作」。

在陳文清上任代理部長之前，因馬建嚴重違紀下馬，為習近平提供清洗「國安部」的大好機會。香港《明報》二〇一五年五月二十六日新聞報導：「國安部」的人事已有重大變化，只不過這種變化是採取「零敲碎打、逐步替換」的方式進行的，不太引人注目。只要對照「國安部」新舊領導層名單就會發現，除部長外，高層組成人員已經「面目全非」。同年九月十日《北京青年報》報導，自一月起「國安部」一位副部長、一位部長助理和至少有七個省市「國安廳」（局）一把手被調整：「國安部」政治部主任蘇德良調升副部長（接替馬建職位）、唐朝出任部長助理；省市廳局長已知調整者為：山西（原廳長：李洪免職，新任：王秀文）、貴州（原：王嶄新，新：孟建華）、山東（原：朱曉強，新：姜聯軍）、新疆（原：鄧勇，新任未公布）、上海（原：朱小超，新：董衛民）、海南（原：汪濟洲，新：陳海軍）、河南（原：王旭升，新任未公布）等。

05 公安部國家保衛局

骨幹流失乘香港回歸再崛起

一、國保局逆轉勝　陳芳芳扭轉乾坤媲美國安部

「公安部」（Ministry of Public Security，MPS）主管中共全國公共安全工作，負責公安警察和武警部隊的領導和指揮。

「公安部」內最重要的單位為「國內安全保衛局」，又稱「公安部一局」，前身是「政治保衛局」。中共最早的政治安全保衛部門係仿照前蘇聯「國家政治保衛局」，於一九三一年設立，負責偵查、壓制和消滅政治上、經濟上一切「反革命」組織活動和清除盜匪。一九四九年「公安部」成立，下設「帝特偵察局」（一局）和「國特偵察局」（二局）兩個「反間諜」單位；一九五七年，「公安部」將兩局合併為「政治保衛局」（一局），成了毛澤東鞏固「無產階級專政」的主要肅反和鎮壓的工具，從鎮反、三反、五反、肅反、反右、反右傾、四清到文革歷次政治鬥爭中，「公安一局」都是毛澤東的馬前卒，所立下的「汗馬功勞」，可謂「罄竹難書」，有人形容：「那時候只要誰聽說一局（處、科）的人找，脖子根都是涼嗖嗖的」，恐怖情況可想而知。

一九五八年因中共認為已基本剷滅境內武裝反共組織，「公安部」的重點工作開始轉移至政治偵察抓「國特」和外國間諜，訂定工作方針為「長期打算，內線偵察，依靠群眾，適時破案」。一九六二年隨著與蘇聯關係惡化，公安部決定增加對蘇聯間諜機關的偵察工作，並在各級公安機關，如黑龍江省各級公安機關都成立了「反修科」。

根據中共「公安大學」教材《國內安全保衛基礎理論》對「國內安全保衛」的解釋：是「（公安機關）依照憲法和法律，運用專門力量和專門手段隱蔽開展的偵察、情報、保衛工作。是中國共產黨和國家隱蔽戰線的重要組成部分」。其工作特性為：「具有政治性、長期性、隱蔽性、風險性、高度保密性等特點；遵循防禦與進攻相互轉化的規律、被動與主動相互轉化的規律、長期性與階段性交替變化的規律」。

一九八三年七月，中共成立「國家安全部」時，將「公安一局」撥併入「國安部」。但「公安部」仍然保留著各地公安廳（局）原有的「敵偵處」建制，中共中央又在同年九月同意「公安部」仍保留「一局」（政治保衛局）建制，負責對「反革命」和「間諜」的偵察工作，而且到九十年代後期，新編「公安一局」工作的績效已媲美「國安部」，併列為中共兩大情報系統。

新編「公安一局」為利工作掩護，自一九九四年對外開始使用「公安部臺港澳事務辦公室」名義，局長對外稱「主任」。一九九八年八月，再將原對內用之「政治保衛局」正式名稱，改為「國內安全保衛局」（簡稱「國保」或「國保局」）。「國保」在「公安部」內仍稱「一局」（「公安部」各局雖依序號編列，但不在編號前加「第」字）。在省、市、自治區的公安廳（局）下設「國內安全保衛局」，局內的「六一〇辦公室」則是負責鎮壓法輪功等「邪教」之單位；地級市公安局下設「國內安全保衛支隊」；縣公安局（含市轄區公安分局）下設「國內安全保衛大隊」。其稱呼在各省廳、各市局叫「一處」，在各分局叫「一科」。

「國保支隊」的內設機構一般為辦公室、情報資訊與對外聯絡科、社會調查與基層基礎工作指導科、民族宗教領域偵察科、反顛覆破壞偵察科、高校文化及經濟領域國內安全保衛工作指導科、國內安全保衛案件偵察科（轄有機動偵察大隊），反邪教偵察科等單位。

「六一〇辦公室」係一九九九年六月十日

由中共「中央處理法輪功問題領導小組」設置在「公安部」內之常設執行機構，「六一〇」代表成立日期。在「公安部」內又稱「反邪教局」或「二十六局」。「二十六局」在三十一個省級公安廳（局）中的「反邪教總隊」，都設在「國保」內合署辦公。首任局長張越，是「二十六局」唯一的一任局長，二〇〇七年張越調任河北省公安廳廳長後，「二十六局」便撥由「一局」代管，由局長兼中央「六一〇辦」副主任。「一局」的其他主管同時兼「二十六局」同一職位，其稱謂為：「一局二十六局」政委殷治田；「一局二十六局」副局長於成平、劉威華、趙宇、孫志強；「一局二十六局」副巡視員張榮生；「一局二十六局」二處處長張海山；「一局二十六局」技術支援與訓練處處長姜博；「一局二十六局」十一處處長王文生、副處長吳飛；「一局二十六局」防控工作處調研員、副處長張永；「一局二十六局」辦公室主任科員王曉波；另「一局信息化處」副處長為徐敏勇、趙慧瑤。

首任「國安部」部長凌雲，原為「公安部」副部長，他在一九五三年到五七年期間曾任「公安一局」局長，因此他負責組建「國安部」時，就把「公安一局」的大部分兵馬和「精兵強將」抽調到「國安部」，其他「老弱殘兵」則仍留在「公安部」。正因如此，「公安一局」的實力漸趨枯萎，且長期處於無所作為的窘境。但經歷人事重整、一九八九年「六四事件」、一九九七和九九年的「港澳回歸」，以及一九九九年鎮壓「法輪功事件」等重大事件後，「公安一局」重新展現了其調查和鎮壓實力，非但未被邊緣化，反而因適應了中共政權的「維穩」的需求，逆向發展為一支勢力龐大的秘密警察力量。

但真正扭轉情勢，將「一局」工作重新開展到能與「國安部」抗衡地位，是一九九〇年時任公安部長的陶駟駒派其妻陳芳芳出任「一局」局長後開始。

據「公安部」人員透露：歷任「公安部」部長，上任後最重要的工作，就是先抓「公安一局」的人事和工作，遴選最親信的幹部擔任局長。而且中共高層內舉不避親，向來是慣例，如「文革」時，毛澤東任命江青為「文革小組」第一副小組長；林彪也派其妻葉群擔任辦公室主任。所以陶駟駒上任部長後，任命其妻陳芳芳出任「一局」局長，在中共官場並不突兀。現任「公安一局」的局長孫力軍，曾任「公安部」前部長孟建柱（二〇〇七至二〇一二年）之秘書，孟接替周永康出任中央政法委書記後，郭聲琨接任部長，即於二〇一三年任用孟建柱親信孫力軍接任「一局」局長，也是同樣道理。

陶駟駒一九五一年，畢業於中共「中央公安幹部學校」，分發「公安一局」工作。「文革」時被鬥，下放勞動。一九七八年為時任「中央軍委」秘書長的前任「公安部」部長羅瑞卿調去擔任英文秘書，深得羅之信任。一年後陶駟駒重回「一局」，逐步升到局長、副部長，一九九〇年十一月出任「公安部」第八任部長。

這時因香港已確定於一九九七年「回歸」，中共認為國府和世界各國情報機構，以及海外民運組織都會加強對香港的組織部署，中共下令各特務機構必須積極提前在香港佈局防範，確保香港的平穩回歸。陶妻陳芳芳親率「一局」幹員坐鎮深圳，指揮香港工作。並在一九九一年初，在深圳成立「永利實業發展有限公司」，生產監聽、監視設備（一九九八年以民營股份制企業名義，獲中共建設部頒發的「消防設施專項工程設計甲級」企業）。

香港回歸前，陶駟駒有一局名言：「香港黑社會是愛國的」，他還表示要動用香港「三合會」等黑社會組織，確保回歸順利。他的話曾引起軒然大波，遭到批評。一九九三年他接受媒體訪問時承認跟「三合會」有來往，他說：「我曾經有一次擔任過出國的保護任務，隨國家領導人到某個外國，當時就有一個類似三合會的組織，他們就出了八百人，出來保護我們國家的領導人」。陶駟駒是指一九五五年周恩來出席印尼「萬隆會議」，和一九六四年劉少奇夫婦出訪印尼，中共透過印尼共黨和僑社組織八百餘人擔任保衛工作。一九九一年楊尚昆訪問泰國，陶駟駒又通過僑團出動「江湖弟兄」兩千人保護。

香港的平順回歸，使「公安一局」聲名鵲起。中共中央感到除「國安部」之外，「公安一局」已是一個不可或缺的特務機構，才會在一九九八年，將「政治保衛局」更名為「國內安全保衛局」，賦予境內「反間諜」、政治異議人士（如民運人士）、維權人士（如律師、上訪人員）、非法組織（如法輪功、中功等「邪教」組織）的調查和鎮壓任務。由於「國保」諧音同「國寶」，而中共「國寶」最主要的代表動物是熊貓，因此網路上將「國保」戲稱為「熊貓」。

「國保」的擴張，在周永康時代達到巔峰狀態，無論在打擊迫害民間信仰組織和信仰者，還是打擊公民組織和維權人士，都採取令人髮指的手段，常常逾越法律的規範。二〇一一年大陸曾爆發一場「中國茉莉花革命」潮，這場以和平方式和象徵性的公民街頭運動，不僅使「國保」如臨大敵，更窮盡一切手段打擊鎮壓。如：上街為母親生日買花的女孩子會被「國保」盤問；郊區種植茉莉花的花農，不准出售花苗，甚至苗圃也被剷除；網路上禁止有茉莉花的歌曲出現，也禁止網際網路「博客」或「微博」出現茉莉花字眼。

據中共通緝的大陸富豪郭文貴在美接受訪問時稱：「國安部和公安部在香港設有多個據點，長期有兩百至三百名便衣人員在這些地點辦公，目的是對香港民主派和反中勢力進行監控、監聽。僅華潤大廈就有三百人，而華潤旁邊的建築，是他們審訊、辦案的地方。」郭文貴過去與國安、公安高層來往頻密切，許多高幹都收受過郭之賄賂，「國安部」副部長馬建承認赴港視察工作時，曾接受郭之接待和賄賂。

陶駟駒退休後，於二〇〇一年捲入其在任時副部長李紀周腐敗案（包庇走私），受到「雙規」，其妻陳芳芳羞憤自殺。中共查出陶駟駒在任內，利用職權貪污和挪用公款金額達人民幣七億元。但他深諳「法不治眾」的道理，邊貪污邊賄賂近百名中共中央和省級高官，表明「要完一起完」，否則都沒事。陶駟駒在「雙規」審查時氣焰囂張，拒絕交代。他說：「我沒什麼大的問題，要判就判，要殺就殺，我早已有準備」。中共抄查他兩個住宅，搜到數額巨大的匿名存款單、債券及七萬美元現鈔等。面對犯罪證據，陶駟駒才承認在部長任內，親自批准挪用所屬「經濟實體」（企業）的資金、沒收走私貨款合計五億五千萬元。並交代接受其鉅額賄賂的國務院副總理、各部委之領導、退休黨政軍高幹名單。

由於牽涉面廣而且層級高，中共果然辦不下去，結果陶駟駒獲得免予起訴。中紀委在「人大」黨組擴大會議上宣判是：「由於陶駟駒能配合中紀委、檢察部門對案件的查辦工作，能主動交代、檢舉中紀委、檢察部門尚未掌握的有關重大變相貪污、收賄、腐敗事件的內情，陶駟駒在組織的嚴肅批判、教育下，對自己問題的嚴重性、影響性，有較深的認識和悔過，中紀委經研究、討論，報中共中央批准，同意中紀委的建議：對陶駟駒的問題免予法律起訴、追究」。至於受賄的十二名國務院副總理和五十二名部級領導高幹，大夥「洗個澡」，交出贓款贓物了事（上交的財物有：一百二十一幢住宅、別墅，現金四千五百多萬元，一百七十多萬美元的外幣，五百三十多件名貴禮品，二百四十多幅國畫、油畫、古玩，二百多件名貴裝飾品，八十五輛歐、美、日高級轎車、旅行車，十二艘遊艇等，價值合計六點二億元），一律免於追究。

陶駟駒於二〇一六年四月過世，得年八十一歲。中共為他在北京舉行送別儀式，骨灰安放「八寶山革命公墓」。四名政治局常委習近平、李克強、劉雲山（中央書記處書記）、張高麗（國務院副總理），和已退休政治局常委胡錦濤、朱鎔基、溫家寶等都送了花圈。包括中央政法委書記孟建柱和公安部長郭聲琨在內的逾七百人參加送別儀式。中共還對他高度評價：「在思想上政治上行動上堅決與黨中央保持高度一致，堅決貫徹執行黨中央、國務院的指示，在大是大非問題上立場堅定，旗幟鮮明，自覺維護黨中央的權威」。一位大貪官死後受中共如此隆重送葬，堪稱絕響。

繼陳芳芳後接任「公安一局」局長的是陳智敏。陳智敏原長期在湖南公安系統任職，曾任湖南省公安廳長，先調任「公安一局」副局長，續升局長，並出版兩冊《邪教真相》（上下冊）。二〇〇九年升任副部長，分管「國保、網監、反恐」工作，和港澳臺事務。二〇一七年六月，在習近平預定「七一」出席香港主權回歸大陸二十周年的活動，並監誓新任香港「特首」林鄭月娥就職儀式，安保工作緊張部署之際，中共突然火速免去負責習近平訪港安保工作的陳智敏之「公安部」副部長和「國家互聯網信辦」副主任等職位，由中央政法委副秘書長侍俊接任（侍俊，江蘇鹽城人，曾任四川省廣元市委副書記、代市長；四川省長助理、四川省委常委、政法委書記，二〇一六年底調任中央政法委副秘書長）。陳智敏被免職的當天，中共同時宣布北京市「公安局」網安總隊長葉漫青落馬的消息，而葉漫青落馬被查時間是當年的一月，判斷兩人都與貪腐有關。

「網信辦」是中共監控網絡的主管部門，主任莊榮文，為習近平的舊屬，副主任陳智敏負責分管「網絡安全」。自習近平上任後，對網絡的監控不斷升級，二〇一五年六月規定全國網民必須申領「網絡電子身分證」（Electronic Identity簡稱ＥＩＤ）。「公安部」曾透露：「ＥＩＤ」可以儲存和閱讀諸如Facebook、ＱＱ、人人網、開心網的密碼等個人信息，方便中共相關部門查看在互聯網留下的所有足跡，實現點對點的網絡監測。

根據中共國務院二〇一八年三月二十四日公布的《國務院關於機構設置的通知》，將「國家互聯網資訊辦公室」與「中央網路安全和資訊化委員會辦公室」合併為「一個機構、兩塊牌子」，同屬中共中央直屬機構。國務院強調機構改革是為「加強黨的全面領導」、「推進黨的國家機構職能優化和高效」。英國《BBC中文網》援引中國大陸有力人士稱：改革是將黨政合一，強化黨中央的權力。顯示習近平將直接干預網路資訊之管制，使中央集權範圍更加擴大。

世界著名網路公司Google於二〇〇九年在中國大陸設置伺服器，提供網頁搜尋服務，並接受中共的網路監管。但到二〇一〇年三月，Google迫於中共極為嚴苛的網路審查，宣布關閉在中國的網路搜尋服務，並放棄中國大陸市場，改由伺服器設在海外的Google香港站點提供無審查的搜尋服務。

二〇一四年五月，美國以商業間諜罪起訴通緝共軍六一三九八部隊的五名駭客，中共「網信辦」為報復美國的指控，即於五月二十二日公告《網路安全審查制度》，規定「關係國家安全和公共利益的系統使用的、重要資訊科技產品和服務，應通過網路安全審查」，「對不符合安全要求的產品和服務，將不得在中國境內使用」。接著於二十六日由國務院「新聞辦」網際網路新聞研究中心發布《美國全球監聽行動紀錄》，指責美國政府長期通過Google、微軟等科技公司滲透中國大陸和香港網路。次日起，Google香港公司的各項服務就遭到中共的「防火長城」的惡意干擾，導致大陸地區的用戶無法正常使用google的服務。

另據二〇一八年一月媒體報導：二〇一七年中共關閉了十二・八萬個網頁，指控這些網頁有不雅和「有害」的資訊。還查獲三千多萬本非法出版品，一九〇〇多人被罰。騰訊、百度，和微博等網路搜尋引擎，二〇一七年也因未審查網路內容而遭罰。外媒認為這是中共正進一步管制網路言論，限制評論自由，讓中共執政免於受到批評，或被揭露中共政治醜聞。

二〇一八年一月，「網信辦」約談新浪微博，指責其未盡到審查用戶發布違法違規訊息的責任。微博因此將熱搜功能下架「整改」，一周後復出的微博熱搜竟然出現「新時代公安工作新氣象」的置頂關鍵字，點開內容都是中共官方文宣資料，已成為中共傳聲筒，網友諷刺：已「跟著黨走」了。

二、國安公安惡鬥　習近平強勢整頓兩部之人事

香港回歸前，「公安一局」於一九九四年派了一個「五人聯絡小組」進駐新華社香港分社，其中兩人以國際刑警「中國國家中心局」駐香港聯絡官身份為掩護從事活動，另三人則以「新華社」香港分社編輯名義負責與港警和香港入境處聯繫。這個五人小組即香港回歸後的「中聯辦警務聯絡部」的前身。

二〇一四年香港發生的「雨傘革命」（九月二十六日至十二月十五日止，為爭取「真普選」的公民抗命運動）、「佔中運動」（雨傘革命期間自九月二十八日起至十二月十五日止，「讓愛與和平佔領中環」運動，並擴及尖沙咀、旺角、銅鑼灣等地。訴求：立即撤回八月三十一日「人大」就香港政改的決定及馬上重新啟動政改諮詢）、二〇一五年的「銅鑼灣書店事件」，和「港獨運動」等一系列事件困擾香港之際，「公安部」於二〇一六年派遣前「國保」局長、「公安部港澳辦」主任李江舟（二〇一一到一二年六月任國保局長），出任駐港「中聯辦警聯部」部長，負責聯繫指導港警工作，李江舟出掌此職位，顯示中共對香港「維穩滅獨」事務的高度重視。李江舟在上任前曾參與「銅鑼灣書店事件」的危機處理，和二〇一六年四、五月兩次負責與臺灣代表談判境外電信詐騙集團臺籍罪犯遣送案件。

「銅鑼灣書店事件」是中共公安機關涉嫌在境外綁架出版界異議人士回大陸的重大事件。《香港基本法》雖保障香港享有言論及出版自由，但香港出版的一些政治敏感書籍，如披露中共政治內幕、揭露中共高層醜聞等書籍，會被中共列為禁書（簡稱「大陸禁書」），禁止進入大陸，對此類書籍在港出版，過去因香港受到「一國兩制」的保護，中共勉強能夠採取寬容態度，

但到二〇一二年習近平出任總書記後，中共對「禁書」立場趨於強硬。

「銅鑼灣書店」即因出版這類書籍，自二〇一五年十月起至十二月止，陸續有五位主要經營者失蹤。失蹤五人是這間書店的母公司「巨流傳媒有限公司」股東呂波、桂民海、業務經理張志平、負責經營書店的李波，和店長林榮基。五人在失蹤半到三個月後，才證實全部身在中國大陸，被公安單位拘留或軟禁。

引起軒然大波的原因，主要是其中兩人被公安密警自境外綁架押返大陸；

（一）股東桂民海是五人中第二名失蹤者，他在居住的泰國芭提雅公寓中，被一名男子帶走，其後有四名男子搜索其公寓，企圖帶走桂的電腦，但被管理人員阻止。桂民海在證實被中共綁架後，「新華社」發文聲稱：桂民海涉及二〇〇三年一宗寧波市的車禍，導致一名女大學生死亡，被判刑兩年，緩刑兩年。但桂民海在緩刑期間潛逃出國，被法院取消緩刑並通緝，他於二〇一五年十月向公安機關投案自首。桂民海是在五人獲釋後，唯一未被中共允許離境者，二〇一八年一月再次被捕。

（二）最後一位被擄的李波，他在香港境內失蹤。李波在書店失蹤四人後，曾接受英國廣播公司（ＢＢＣ）採訪，坦言出版「大陸禁書」，題材愈敏感愈暢銷。桂民海因撰寫中共領導人的情婦而屢遭警告，「我想有些人不想看到那書流出市面，他們捉走與該書有關的人士，確保書籍不會出現」。又說中共除了要阻止他們出版習近平的「情史」，還要取走令習近平尷尬的資料，當局「可能問了早前擄走的四人幾個月都問不到這些資料」，因此他已「不敢返回大陸」。李波以為只要不回大陸就不會「被失蹤」，但他仍於當年十二月三十日陪客人到倉庫取書後失蹤。據其妻蔡嘉蘋（《大公報》專欄作家）接受《蘋果日報》採訪時說：當日突然有人打電話訂購十多本書，李波親自包好包括《習近平暗通薄熙來》、《習近平後院失火》、《中國新領袖：

習近平傳》、《習近平家族》及《習近平和他的六個女人》等十幾本書後失蹤。香港《明報》查證：李波於下午六時許離開柴灣「康民工業中心」的貨倉時，被九名大漢強押上一輛客貨車。銅鑼灣書店前經理胡志偉稱：李波被擄至內地，拘留於浙江。三月下旬，李波獲釋返港，拒絕透露是以什麼方法偷渡到大陸，後來又稱是坐上一輛七人車返回大陸。胡志偉曾勸他講出真相，李波稱受到恐嚇：「如果反抗，一世活在恐怖中。」

另外三人失蹤情形：股東呂波（第一位失蹤）赴東北治病失聯，後傳出他是從深圳妻子寓所被帶走；業務經理張志平是在東莞鳳崗鎮妻子的寓所，被十多名持槍便衣人士帶走；銅鑼灣書店店長暨創辦人林榮基原以為是在香港失蹤，其妻報警後數小時，就收到林電話報平安，港警因而拒絕追查案情，香港入境處亦拒絕透露林榮基有否出境紀錄。林榮基證實被抓後，二〇一六年三月廣東省公安機關稱林榮基將取保候審。六月林獲釋返港，公安指示他把「銅鑼灣書店」的客戶資料拿回大陸繳交，但他臨返陸前決定召開記者會交代事件詳情。六月十六日記者會上，他說因赴大陸訪友在深圳海關被便衣人員帶走，拘押於深圳派出所。《環球時報》即於十七日發文稱：「林榮基在大陸犯事，公安對其採取的強制行動符合內地法治原則」。但未解釋依據何項法律條文，亦未說明林在未定罪情況下，被非法拘禁八個月之原因。又稱林非當事人，他的說法不能証實李波是在香港被帶回大陸。

「銅鑼灣書店事件」根據中共媒體報導，可確定是「公安部」所為，而「公安部」中具有執行跨境綁架能力也只有「國保局」，尤其在林榮基失蹤，其妻向港警報案後數小時，即收到林的報平安電話，顯示港警在接獲報案後，立刻通知「中聯辦警聯部」回報北京和通知廣東公安機關，才有這場迅速「報平安」的秀。

網路《新頭殼》專欄作家余杰曾說：「長期以來，在鎮壓反對運動和異議人士的時候，『國保』是其中最殘暴的黑臉角色」。「當年，我被北京當局秘密綁架並酷刑折磨的時候，負責審訊的是國保警察」。據港媒報導：「銅鑼灣書店事件」揭露了公安「國保」系統濫用職權，非法跨境秘密抓人的內幕。「國保」不但動用境內外的秘密力量，還使用了跟縱定位、監聽監控等以往「國安」才有的反間諜手段。

二〇一二年「國安部」副部長陸忠偉的秘書李輝被美國「中央情報局」策反後，向「中情局」提供的中共間諜和政法系統的機密之中，就包括有「國安部」與「公安部」內鬥激烈的情報，曾令美方大為震驚。事實上，從「國安部」自一九八三年成立後，「國安」與「公安」的明爭暗鬥就已存在。江澤民執政時期，首開先例，利用「國安部」鬥倒北京市長陳希同，「國安部」權勢因而擴張。其後在周永康執掌政法大權的十年間，大陸群體事件不斷，江、周等人為增強國內「維穩」力量，光靠「國安部」力量已無法處理這種情勢。因此給予公安「國保」介入國內「維穩」工作，並迅速壯大。有媒體披露說，過去原本只有「國安」系統才具備權限的職能，現在很多已被「國保」系統涉入，中共這兩大系統在經歷十多年惡鬥後，似乎「國保」已佔上風。

北京國安人士指，中共國家安全系統，基本上對內是「公安部」（仿美國聯邦調查局），對外是「國安部」（仿美國中央情報局），構成了對內、對外兩套安全情報系統。國安、公安兩大部門名義上雖各有分工，但實際上兩部工作重疊嚴重，如：「反間諜工作」，依據《反間諜法》規定「國安部」是主管機關，該部「八局」（反間諜偵察局）、「九局」（對內保防偵察局）、「十局」（對外保防偵察局）等三個局，都負有「反間諜偵防」任務，而「公安一局」同樣執行此項工作，中共中央對「公安一局」的「反間諜」行動，亦一向持肯定態度；其次，情報蒐集也是嚴重重複，如國安「二局」（國際情報局）、「三局」（政經情報局）、「四局」（港澳臺情報局）、「五局」（情報分析通報局）都有情報蒐集和分析任務，而「公安一局」也有情報蒐集任務。此外，因「反恐」任務日趨重要，兩部也都分別成立了「反恐局」執行反恐怖任務。正因為如此，造成兩部長期以來，勾心鬥角，惡性競爭，浪費巨大資源。

據海外媒體報導，「公安」和「國安」兩大系統的惡鬥，令習近平深具戒心，因而對兩部人事陸續進行撤換清理。香港《明報》曾對照這兩大部門二〇一三年初的領導層名單發現，除正部長未換（現兩部都已更換，新任公安部長為趙克志，國安部長陳文清）外，多數官員已面目全非。「公安部」的七名副部長中，只有黃明、孟宏偉、陳智敏（陳於二〇一七年突遭免職，由侍俊接任）三人未動，副部長李東生因涉周永康案，已判監十五年；常務副部長楊煥寧，調任「安監總局」局長，貶職意味明顯；副部長劉金國已出任中紀委副書記；副部長張新楓則在調任「上合組織」（上海合作組織，由中、俄、哈薩克、吉爾吉斯、塔吉克、烏茲別克、巴基斯坦和印度等八國組成之國際組織）反恐機構執委會主任（現已退休）。現任公安副部長由原中共北京市公安局長傅政華出任首席常務副部長，繼任北京公安局長的王小洪亦迅速升任副部長（王小洪曾在福建任職，頗受習近平的信任，先從廈門市公安局長升任河南省公安廳長，再升任北京市公安局長並成為副市長）。另一名新任副部長孟慶豐則是習近平親信（習任職浙江時，孟為省公安副廳長）。而「國安部」亦有類似情形，繼副部長馬建被免職調查後，先由中紀委副書記陳文清進駐「國安部」擔任黨委書記，再出任部長。又調「公安部」副部長劉彥平擔任「國安部」紀委書記，再調寧夏政法委書記蘇德良出任副部長。這些現象被視為「摻沙子」（毛澤東內鬥重要手段之一）的舉措。

二〇一五年九月，海外媒體一度報導：中共中央正在擬定對公安系統的重大改革舉措，主要內容之一，就是拆解「公安一局」，將原有的

「國保」人員「轉崗」，充實到其他公安部門，基層「國保」特務，將併入到治安一線。中共要撤裁「國保」，還有兩個原因：（一）「國保」假借「政治維穩」行使特權，已逾越公安「治安維穩職能」，並由一個司法部門演變成一個凌駕於其他部門之上的政治機關。（二）「國保」藉「維穩」濫權，製造大量政治犯，惡名昭彰，形象不佳。外界對中共要解散這個「當代蓋世太保」機構之傳言，看似言之鑿鑿，勢在必行，是否果真如此呢？

因為媒體另有不同報導，認為「國安部」過去多次介入中共高層政爭，也令習近平擔心其坐大失控。北京消息人士說：二〇一四年十一月中共頒布《反間諜法》以取代「國安部」原有的《國家安全法》，表面上似是重新規範限定「國安部」的工作範圍，「除了抓間諜，其他涉及國家安全的活，基本上都沒有安全部的份了。這意味著『國安部』原有的權力大受局限，經費和人員編製也大受限制」。與此同時，國安的逮捕行動能力也遭到削弱，很多職能被公安「國保」替代，甚至出現「國保」看不起「國安」的現象。「銅鑼灣書店」越境綁架事件，就是一個典型的例證。香港《明報》二〇一五年五月曾報導習近平對「國安部」的人事採取「零敲碎打、逐步替換」的方式進行的，不太引人注目。只要對照「國安部」新舊領導層名單就會發現，高層組成人員已經「面目全非」（請詳前章）。

從以上兩種不同的報導，顯示國安與公安兩部工作重疊性高，惡鬥激烈，濫權腐敗嚴重，都令習近平不滿。傳聞習近平決心整頓國安、公安等情治系統，未必是空穴來風。因此習近平成立「國家安全委員會」，親自領導國家安全工作，並訂頒新《國家安全法》、《反間諜法》、《國家情報法》等多種有關國家安全法令，並已對軍情系統進行組織體制改革，至於黨政情報系統之改革，除傳言外，尚未見具體行動，是否會進行改組，或維持現狀，只加強整頓和領導，則有待觀察。

06 軍事系統情報機構

情報局聯絡局戰略支援部隊

一、原總參第二部　成為新編聯合參謀部情報局

一九三一年，中共在所建立的「中華蘇維埃共和國」中央革命軍事委員會「參謀部」的「參謀處」下設「諜報科」，是中共第一個軍事情報單位。同年，中央革命軍事委員會成立「總司令部」，下設「二局」負責情報工作。一九四一年九月，「二局」撥併入「中央社會部」。一九四二年十一月復歸「軍委會情報部」。第二次國共內戰時期，「二局」屬於軍委總參謀部作戰部序列。

中共建政後，原「中央社會部」分解為三個機構，即：公安部、情報總署，和軍委會情報部。一九五〇年十二月，中共又將軍委會「情報部」，改組為「總情報部」，下轄情報部（又稱二局）、技術部（三局）、聯絡部（原情報總署）三個部。一九五三年二月，中共裁撤軍委「總情報部」，將三部劃歸「總參謀部」建制，分別成為「總參情報部」（「總參二部」，英文為２ＰＬＡ）、「總參技術偵察部」（總參三部，３ＰＬＡ），「總參聯絡部」。一九五五年七月，中共將「總參聯絡部」改歸中央書記處直接領導，更名為「中央調查部」。「文革」時，「中調部」曾被「總參情報部」實施「軍管」，直到一九七五年才恢復建制。一九八三年「中調部」與前「公安部一局」合併為「國家安全部」。

港媒曾報導：習近平對「總參」二、三部的工作不滿，曾在「軍改」前的一次軍隊高層會議上批評兩部「實時情報嚴重不足」，「看不見、

辨不清，水下預警空白」等，並激動地說：「人家（指美軍）眼觀六路，耳聽八方，我們又聾又瞎，兩眼一抹黑，怎麼打仗啊！」因此盛傳習近平將對軍方情報系統進行重整。

二〇一六年一月，中共進行深化國防和軍隊改革，重組軍委總部和七大軍區，「總參謀部」改編為「聯合參謀部」，「總參情報部」改組為「聯合參謀部情報局」，局長陳光軍少將（一九六六年生，湖北棗陽人，西北工業大學博士，曾任二炮旅長、二炮工程大學訓練部長，二〇一三年晉升少將，次年出任總參情報部部長，一六年改任情報局長，一七年七月轉任「聯參」參謀長助理仍兼任局長，並代表時任參謀長房峰輝出席紐約聯合國總部第二屆維和出兵國軍隊參謀長會議），副局長為王秀峰少將。

「技術偵察部」（三部）、「電子雷達對抗部」（四部）撥拼為新成立的「戰略支援部隊」（軍），成為共軍新軍種主力之一。

「聯參情報局」有兩項主要職責：負責蒐集和分析軍事、政治情報；和對外軍事交流，加強與外軍的軍事聯繫與軍事互信。為達成上述職能，「情報局」工作有三項：（一）以各種掩護身分派遣諜員赴境外蒐集軍事情報；（二）從境外的公開出版物上分析軍事情報；（三）派遣駐外使館武官。

原「總參情報部」的建制已為外界所瞭解，改編後的「聯參情報局」的新建制，外界尚無所知，估計組織變動不大，或只將「局」改為「處」。現將「總參情報部」原有編制主要機構簡介如下：

「一局」（戰略情報局，或稱軍事情報局）：為「二部」最重要的部門，負責情報蒐集，重點放在臺灣（故有人稱「一局」為「臺灣工作局」）和世界各重點國家。「一局」分別在北京、瀋陽、上海、廣州、南京等五個城市設有工作處（或稱局），對外名稱是：「××市人民政府第×辦公室」（簡稱「×辦」如：上海市府五辦、廣州市府五辦），從事海外秘密諜報行動。

如「瀋陽工作處」負責俄羅斯、東歐、日本的情報蒐集；「廣州工作處」負責鄰近國家和地區的情報蒐集，首要目標是對臺灣的諜報偵蒐；「上海工作處」和「南京工作處」分別負責西歐和美國的工作。另據稱「一局」編制的人數超過三千人，但真正在內部工作的人員從未超過五百人，其餘人員可能是專業情報員（外勤人員），直接進行對海外工作。媒體引據「總參情報部」內部文件透露：自一九八九年至一九九五年間，「一局」曾派遣共軍師級指揮官數人，滲透入臺進行實地的「考察」工作，返陸後調入「一局」負責對臺實際情報工作。

「二局」（戰術情報局，或稱軍事偵察局）：在前七大軍區（北京、成都、廣州、濟南、蘭州、南京、瀋陽）內均設有「情報部」（正師級），負責協調和提供各軍區戰術情報，以及要求情報支援，並有動用軍機、軍艦及衛星從事情報蒐集和偵照等權力。「二局」對臺偵察工作以出動海上情報船為主，情報船對外以「科學測量船」為掩護，目前「二局」有三十五艘具備高科技偵察能力的「科學測量船」，包括「向陽紅」級、「新豐山」級、「大洋」級等船隻。

「三局」（駐外武官局，或稱「特務局」）：負責派遣駐外武官。級別最高的是駐美、俄、埃及、朝鮮等國的武官，均為少將軍銜。駐其它國家的武官，多數為大校。媒體報導該局現有武官四百多人，以蒐集所在國的公開情報資料，包括軍事雜誌、刊物等以及有關外國武器技術、戰爭規模、軍事學說、經濟和政策方面的情報為主，機敏情報仍透過秘密手段蒐集。由於軍事情報具有高度專業性，涉外色彩強，「二部」的重要幹部大多曾任駐外武官。如該部領導人之一的李寧大校曾任駐英國武官，和在美國霍普金斯大學高級國際問題研究所進修。「二部」駐外「武官處」最活躍的是土耳其小組。另在非洲也有一個小組。

「四局」（東歐局）：負責俄羅斯（獨聯體）和東歐國家的情報分析。

「五局」（歐美局）：負責美國和西方國家的情報分析。五局最喜歡的兩個美國資料來源是國會的報告和軍事防務智庫蘭德（RAND）公司的文件。

「六局」（亞洲局）：負責周邊亞洲國家的情報分析。

「七局」（科學技術局）：情報裝備之研究、設計和開發技術。其下有六個研究機構：計算機中心、第五十八研究所（開發諜報設備）、海鷗電子設備廠（生產技術性援助設備）、北京電子廠、北方交大計算機中心。

「軍控局」：負責處理國外彈道導彈防禦系統和軍控問題。

「中國國際戰略學會」（CIISS）：前身為「北京國際戰略（研究）學會」，號稱為「總參」的智囊機構。「學會」的學者，都是軍方高知識軍官和曾派駐西方各國使館的軍事外交人員，以及高幹子弟（如陳毅之子陳曉魯，曾在駐英使館工作；陳賡之子陳之涯，曾在駐美使館任職），研究水準強過「國安部」，與美國重要智庫「美中關係全國委員會」、「大西洋理事會」均建立了制度化的交流模式，中共意圖藉提供美國學者研究所需的第一手共軍資料，影響這些學者對臺灣問題的立場，進而影響美國官方對臺決策。曾任「情報部」部長的熊光楷（後升任副總參謀長）即擔任過該學會會長。另一智庫為「上海國際戰略學會」。

「解放軍國際關係學院」：前身為「南京國際問題研究所」（原為南京外交學院，再前身為共軍七九三外國語學院），負責培訓武官、副武官、武官隨員、駐外諜報人員，和派任各大軍區情報部門的軍官。

情報部還有下列幾個部門：辦公廳、政治部、航太偵察局、檔案局（收藏各國的公開出版的軍事刊物，下有對外軍事出版公司，負責翻譯和重新出版外國軍事雜誌，以及儲存軍事情報檔案）、機要局（處理、傳達和保管機密檔，以及檔案的分類）、管理局（或稱綜合局，負責後勤服務）、警衛局（負責中央軍委委員和各部領導的人身安全，享有司法權）等。

「總參二部」部分幹部來自軍事院校。如「成都航空學校」曾經報導：「二〇一五年一月十二日，總參二部來我校招聘，共計一八〇名同學參加了本次招聘面試。面試的同學通過自我介紹、形體禮儀等形式充分展現出嫻熟的專業技能以及對工作的渴望，最終六十名同學通過了本次招聘會。」研判應是二部「航太偵察局」的招聘活動。

「二部」除選派駐外武官外，整個共軍外派人員，如駐外軍備銷售和採購人員、國防科工委和國防大學等機構留學進修人員、海空軍赴國外學習新武器或裝備的人員，都由「二部」負責管理。

二〇〇一年十二月，中共在「國防部」下成立「維和事務辦公室」，負責國際維和事務，由總參謀部「情報部」負責具體工作。歷任「維和事務辦公室」主任均由「總參情報部」副部長兼任。但自「總參情報部」改組為「聯參情報局」後，不再由副局長兼任，現由羅為少將擔任主任。

「聯參情報局」的辦公地點設在「聯合參謀部」的第二、十一、十二號樓和第八號樓的部份，但主要的工作集中在第二和第十一號樓，位於北京市東城區黃寺大街乙一號。第二號樓的地下室設有印刷廠，負責印製軍方重要機要文件，「聯參」內部人員非經許可不准擅入禁區之內，如因公需要進入二號樓，除須換證佩戴供識別外，並由黨性堅強的校級保密軍官（多數曾任駐外武官）陪同進入；第十一號樓，則是情報分析單位，這些專業情報分析人員，規定一律住宿在該樓的地下樓層完全密閉的宿舍中（四人一間），故第二、十一號樓又稱為「暗房」。

每天早上七時三十分，「聯參情報局」會提出「國際情勢報告」，彙整過去一日的國際戰略（術）情報，分送中央政治局、軍委主席、副主席、統戰部、國安部，和各軍區司令部。另據瞭解，該局對於臺灣媒體的報導極為重視，尤其關心臺灣黨、政、軍人事的異動，和相關的人事個資。並建立龐大臺灣黨、政、經、軍、企業、媒體等電腦資料庫，目前除軍事一項外，其餘都已完成全區電腦聯線工作。

此外，「情報局」有一支三五〇〇人編制的「特種部隊」，配掛「縱深進擊、立體突擊」臂章，對外則稱「外軍模擬部隊」，實際上是一支隨時可以換上敵軍制服，配發敵軍武器，對敵進行突擊、滲透、破壞或暗殺等行動的部隊。這隻部隊目前部署在「東南戰區」之內，因任務特殊，並沒有固定的駐地。

暗殺特務的培訓，早期由共軍「七四三部隊技術學院」負責，該院原隸屬總參「科委」，現由「國防科工委」管轄，地址是北京永定路甲十二號。「國防科工委」主管的哈爾濱某大學也在培訓特務人員。據知「國安」系統一般不培訓暗殺特工，多遴選軍隊轉業幹部中的偵察兵經過短期培訓後擔任暗殺人員。軍情與國安聯合執行暗殺任務時，基本上由「國安」配合「軍情」。

「總參二部」的特務人員基本上分為三類：密工、商幹、掛靠。「密工」在「國安部」和「公安部」稱為「密幹」，屬於編制內，基本上受過專業培訓的職業間諜；「商幹」被稱為「半在編」，為編制外工作人員，部分「商幹」身分接近「密工」，發給待遇和軍裝。「掛靠」多為商人和高幹子弟，並不從事情報工作。中共軍隊自改革開放後，也開始搞第三產業，軍隊就利用特權走私牟利，而且越做越大。因此許多不法商人和高幹子弟，紛紛設法與軍方掛鉤，尤以軍情系統列為優先，好利用軍情機關享有進出口免檢的特權牟取暴利，但條件必須捐出一部分暴利，支援情報工作。前軍委副主席張萬年就曾洋洋得意的說：「商、情兩旺」。遠華走私案主角賴昌新和涉及馬建貪腐案的建商郭文貴就是兩個最顯著的案例。

「掛靠」絕大部分是掛靠在地方軍情機構下，利用特務人員的身分在社會上招搖。以

「廣東省人民政府」為例，就有二十二個「辦公室」，全是軍、警、憲、特所設置，如「一辦」和「三辦」屬於省公安廳，「港澳工委」歸在「三辦」；「四辦」屬「總參二部」；「五辦」為廣州軍區情報部；軍隊「保利集團」是「十六辦」。前軍委副主席劉華清的女兒劉超英是「十七辦」，劉華清的兒媳婦鄭莉是「二十二辦」。在香港回歸前後，因「港澳工委」分管香港的情報工作，其下面掛靠的人最多。當時為了保證香港的順利回歸，保證香港的穩定，「總參二部」曾派了大批的特務潛伏在香港。

「總參二部」為策反國軍幹部擔任內線，近年採取手段偏重先吸收赴大陸經商、娶妻或旅遊的退伍軍人，指示回臺策動軍中舊識為中共蒐集軍情。以空軍中校袁曉風共諜案為例，中共即先吸收袁曉風軍中同學赴大陸經商的陳文仁，派遣回臺發展成功。陳文仁於一九九二年以空軍中尉退伍，赴陸娶妻並經商，被「總參二部」利誘吸收，指使他回臺在空軍利用舊識發展組織。陳文仁回臺後說服還在空軍服役的袁曉風成功，自二〇〇三年至二〇〇七年，袁曉風共十二次以隨身碟下載所負責業管或刺探而來軍事機密，交給陳文仁轉送給中共，共獲得報酬新臺幣七百八十萬元。同時陳文仁試圖吸收另一名丁姓軍官，和透過袁曉風的關係，向一位劉姓軍官行賄蒐集軍機。被接觸的兩名軍官不願背叛國家，向保防部門檢舉。辦案人員查出陳文仁與袁曉風來往密切，跟蹤拍到兩人接觸的畫面。軍方決定採取「反情報作為」，讓陳、袁以為可拿到機密性文件，派出軍官假意要交付機密文件時，將兩人逮捕。二〇一三年十月高院依《陸海空軍刑法》洩漏軍機給敵人罪、貪汙罪判處袁曉風十二個無期徒刑，合併執行無期徒刑。陳文仁因犯案時已退役、沒有軍職，高院僅依違背職務行賄罪判刑二十年。

軍人叛國為中共擔任間諜，罪名遠重於非現役軍人，所得報酬亦不能與退伍後退休金所得相比，不但良心難安，而且禍延家人，無顏面對社會，生活亦極易陷於困境，殊為不值。尤其二〇一八年四月九日，國府立法院通過《國家安全法》修正案，規定軍公教人員無論是現職或退休期間只要涉及共諜案，經判刑確定者，喪失退休給與，已支領的部分，並追繳到犯行時已領取的月退俸。

「總參二部」對吸收旅居美國的華僑蒐集美軍軍事科技情報，亦列為重點工作，常以名譽和利益，引誘華人充當特務，為中共蒐集軍事和技術等各方面的情報。下面兩個案例，足以說明：

第一案例為麥大志（智）間諜案。

中共認為美國海軍第七艦隊是共軍在太平洋的最大威脅，也是攻取台灣的主要障礙。中共海軍要控制台灣海峽，必須能在嘈雜的海域裡辨識美軍潛艦聲音特色，以識別是何種潛艦，才有可能加以摧毀。而且因中共潛艦靜音技術落後，噪音特別大。美國軍情專家說：「中共潛艦出港，就像鄰居出門時敲鑼打鼓，美國聲納探測想聽不到都很難」。因此中共曾想盡辦法自美國或俄國採購技術先進的消音設備，而不可得。二〇〇二年初，美國軍情單位震驚地發現，中共的潛艦已經採用類似的消音技術，增加了美軍對中共潛艦監視的困難。二〇〇四年，共軍一篇文章透露正積極發展攻擊美國航母的武器，並稱已掌握電磁脈衝武器及無人飛機載具的技術，還強調已能追蹤美國潛艦。二〇〇五年初，美軍情報分析並經駐北京諜員核實，中共已秘密取得美國神盾艦科技，和應用在自製的首艘神盾戰艦上。並已取得有關美國潛艦的敏感資料，包括有關維吉尼亞級攻擊潛艦的機密細節。

二〇〇六年十月下旬，中共一艘「宋級」柴電潛艇在太平洋長途跟蹤美國小鷹號航母戰鬥群，始終未被美軍被發現，直到十月二十六日自行浮出水面時，距離美軍航母只有五英里，小鷹號已在中共潛艦的魚雷和反艦導彈的射程之內。二〇一五年一艘「基洛」級柴電攻擊潛艦在日本南部海域跟蹤美國最先進的「雷根」號核動力航母。顯示了這兩型潛艦的超級靜音能力。

自二〇〇四年起，美國「聯邦調查局」經過情報分析，確認靜音技術是從事軍事技術開發的美國私人企業洩漏，並鎖定美國「動力典型公司」（Power Paragon，屬於美國國防工業公司L-3通信控股公司）負責研發美國海軍軍艦靜電動力系統的華裔首席工程師麥大志為嫌疑人。一名美國布置在「總參二部」的內線人員，確認麥大志是洩密者，共軍並透過他獲取了美國海軍軍艦的其他許多敏感技術和資訊。

麥大志出生於廣州，一九七八年移居香港，隨後赴美，一九八五年取得美藉。麥大志進入國防部承包商「動力典型公司」後，因績效突出，被提拔為首席工程師，成為研發靜電動力推進系統（Quiet Electric Drive，為製造海軍軍艦的核心機密技術）的最高技術負責人。一九九六年，麥大志還通過美國政府保密審核，可以直接讀取海軍的技術機密。

麥大志於一九八三年去中國大陸探親時，被「總參二部」吸收為特務。他自「動力典型公司」竊取的敏感軍事技術資料，包括潛艇電力系統；導彈飛彈驅逐艦、巡洋艦上神盾武器系統及Spy-1雷達；維吉尼亞號攻擊潛艇魚雷技術；航空母艦電磁飛機發射系統；無人駕駛間諜飛機及高空核爆脈衝科技；最先進的軍艦遭攻擊後繼續運作方法的研究；海軍用來測試原型核子反應爐的一種特殊反應爐等等機密情報。他曾利用服務公司標得美國軍方二百多項合約工程，進出美軍「高安管制」軍事單位，並登上史登尼斯號航空母艦，以技術研究的名義獲取該艦相當數量的核心技術資料。所有這些機密資料，他都秘密提供中共。

二〇〇一年五月，麥大志以家人團聚名義申請其弟麥大泓夫婦移民美國。麥大泓赴美後，進入香港鳳凰衛星電視臺美洲分臺工作，擔任技術主管兼副經理的職務。「聯邦調查局」調查發現麥大泓在移民之前是「總參二部」的軍事情報員，任職有中共背景的鳳凰衛視也是有計劃的安排，而鳳凰衛視與共軍關係密切是公開秘密。二〇〇五年十月，美國截獲麥大泓撥給廣州中山大學亞太研究中心（二部所資助）研究員蒲培良的電話，他說：「我是北美的紅花」，將在九天後到達中國。而蒲培良正是麥大志在中國的情報聯繫人。十月二十八日，美國「聯邦調查局」在洛杉磯國際機場逮捕了準備出境前往香港的麥大泓夫婦，在行李中搜出三張加密光碟，內有美軍軍艦靜態電機驅動系統（QED）資訊。

隨後，麥大志、趙麗華夫婦在洛杉磯的家中被捕。「聯邦調查局」在其家中搜出數千份和軍事機密技術有關的文件，包括美軍DDX驅逐艦計劃資料的微縮膠捲；從其家庭垃圾中，找出一份列印的檔案，經通過技術鑑定，確認是由中國出產的紙張，內容為中共提出需要蒐集的美國機密軍事技術清單，包括電磁攔截技術、潛艇魚雷技術及航空母艦電子系統。

麥大志承認，一九八三年在上海的被遠房親戚郝固偉（音）吸收，幫共軍竊取美國軍事科技情報，他即開始將有關美國海軍軍事技術資料，製作成加密光碟，交給他弟弟麥大泓夫婦帶回中國，並獲得金錢回報。

麥氏兄弟的諜報網絡，嚴重洩露了美國軍事高科技技術機密，損失極大。被美國認為是一九八五年破獲之前蘇聯間諜華爾克將美國海軍通訊密碼交給莫斯科以來最嚴重的間諜案。美國檢察官說，麥大志送給中共的軍事敏感技術情報，危及台海脆弱的軍事平衡。麥大志被加州聯邦法院判處有期徒刑二十四年五個月。

第二個案例為郭臺山間諜案。

郭臺山（Tai Shan Kuo）自台灣移民美國，已入美籍，居住在紐奧爾良市，是一名傢俱推銷員。他在一九九〇年代赴大陸商務旅行時，被「總參二部」吸收，鼓勵他接觸美國國防部官員，蒐集美軍軍事情報。他回美國後，以金錢誘惑，成功的策動了在太平洋艦隊工作的詹姆斯・豐德倫（James W. Fondren Jr.）和在國防安全合作署工作的葛列格・伯格森（Gregg Bergson）

工作。豐德倫提供了郭臺山有關美國政策評估報告；伯格森則多次將關於美國出售臺灣武器的細節交給郭。二〇〇八年「聯邦調查局」逮捕了郭臺山，同時被捕的有「總參二部」負責與郭臺山聯繫的交通員—中國公民康於興（Yu Xin Kang）。

這兩案爆發後，美國「國防情報局」（DIA，一九六一年成立）於二〇〇九年九月邀「總參二部」部長楊暉少將訪美，推動雙邊情報合作。楊暉曾向美方表達對二〇〇六年美方刻意洩漏中共潛艦秘密跟蹤美軍小鷹號航母之不滿。楊暉，南京外國語學院（後更名為共軍國際關係學院）畢業，曾留學南斯拉夫貝爾格勒大學，獲文學碩、博士學位，再入中國社科院獲法學博士學位。二〇〇一年任「總參三部」副部長，二〇〇五年任「國際戰略學會」反恐怖研究中心主任，二〇〇七年任「總參情報部」部長，二〇一一年七月任南京軍區參謀長。二〇一六年，任新編東部戰區副司令員兼參謀長。

中共改革開放後，不再以階級鬥爭為綱，軍隊一度認為國家安全形勢良好，和平與發展成為世界兩大主題。因此刀槍入庫，馬放南山，在全民下海經商的誘因下，軍情和國安系統也不例外，創辦無數大小公司搞錢，利用安全系統的外殼，大肆牟取暴利。搞得系統內人心浮躁，無心工作，甚至離職從商。一九九八年七月，中央軍委下令軍隊和商業脫勾，但是並不包括軍情部門的公司，所以弊端仍層出不窮。

因此涉弊而落馬之「總參二部」地方領導幹部也不少，著名的有「上海局」局長周榮少將，於二〇一五年一月被「雙規」；「華南局」局長鍾責全少將於二〇一六年因涉及向商界「賣官」，和高價出售香港單程身分證被調查。

與「總參情報部」工作有關的軍委機關為「總裝備部」（前身「國防科學技術工業委員會」），該部負責軍事科技和武器的研發，兼有公開和秘密蒐集軍武情報的職責，因而需要「總參二部」和「國安部」協助蒐集外國軍事技科情報。但「總裝備部」也會自行派遣科學家以學術交流的身分赴海外設法蒐集、購買或竊取有軍事應用價值的技術情報。

「總裝備部」自行成立的「新世紀公司」、「新興公司」和「總參二部」成立的「保利技術公司」（對外稱屬於中國國際信託投資公司）等三家公司，以武器進出口為掩護，從事秘密工作。「總裝備部」的科技人員常以「新世紀公司」人員的身分赴美、歐國家蒐集軍事科技。上世紀八十年代中期，「新世紀公司」曾在美國波士頓非法購買和運輸標明不能出口的船上航海設備。

「聯參情報局」前身「總參二部」曾爆發兩大醜聞。一位是常務副部長姬勝德，另位是美洲司司長徐峻平大校。

姬勝德，是中共元老姬鵬飛（曾任國務院秘書長、外交部長）之子，少將軍銜，「總參情報部」副部長。一九九八年初，姬勝德曾短暫主持過「情報部」工作，但因交往複雜，生活糜爛，所以軍銜一直是少將，也一直是副部長（部長由副總參謀長熊光楷兼任）。一九九九年六月，姬勝德因涉及廈門遠華走私案和出賣軍事情報牟取暴利兩千多萬，被控受賄罪、貪污罪和挪用公款罪等多項罪名遭到拘捕，姬勝德在審查期間僅交待曾姦污女青年、收受過遠華公司董事長賴昌星、中資港商的金錢等問題。八月，共軍軍事法庭認定姬勝德犯有三項罪行：（一）收受犯罪集團人民幣、美金、港幣賄賂，折合共二千一百三十多萬元人民幣，其中有一千五百九十萬元已套滙為外幣，存在國外帳戶內；（二）挪用、侵吞軍事用途的資金九百七十五萬，已揮霍和給家屬在海外置業達九百萬元人民幣；（三）長期隱瞞、欺騙組織其配偶加入外國國籍的事實，隱瞞本人與社會上、香港和外國組織間的不正當關係，並透露、洩露了軍方機密等。

姬勝德第三項「和外國組織的不正當關係，並透露、洩露了軍方機密」的「罪行」，據媒體指稱係涉嫌為美國情報機構工作：「其在美國不僅擁有兩棟百萬美元的豪宅、巨額存款，還搞起了產業，而且其妻已經偷偷加入美國國籍，並與一些有境外組織背景的臺商過從甚密。為確保萬無一失，中央軍委先將姬勝德調離『總參情報部』，轉任其為軍事科學研究院研究部副部長，另一方面針對他進行了長達一年多的秘密監控，基本確認了事實並摸清了整個事件的來龍去脈，同時查出姬勝德還向美國洩露了中國計畫協議引進以色列預警機的相關細節，一併形成報告向軍委主席江澤民彙報。因為此事不僅對中國在美諜報網產生了巨大的破壞作用，而且給中國的國際形象造成了嚴重的負面影響。」

這三項罪行中的任何一項都足以判處死刑，中央軍委和中紀委審議意見都是「死刑」，並獲中央政治局支持。時任總書記暨軍委主席的江澤民裁示說：「軍中敗類、民族敗類，不殺不足以平民憤！」當時正在北京香山養老的姬鵬飛得知後，先後四次寫信給江澤民、張萬年、遲浩田（後二人為軍委副主席），請免姬勝德一死。中共由「中央辦公廳」主任回覆姬鵬飛：「中央和江澤民同志看了來信，認為姬勝德案情十分嚴重，在黨內、軍內已引起公憤，對於量刑，將按法律程式進行」。並暗示內定「判處死刑，緩期二年執行」。姬鵬飛聞之大怒：「憑我和老伴為黨為國奮鬥近七十年，共產黨就不能刀下留情，給我兒子留條命。要死，我就死在中南海！」

姬鵬飛在自認經多方為其子奔走請命無效，姬勝德必死無疑的情況下，於二〇〇〇年二月八日，吞服安眠藥自殺身亡，時年九十一歲。二〇〇一年十月下旬，中共中央就姬鵬飛的死發出通告說：「姬鵬飛就其兒子姬勝德的問題，曾向組織提出了不合法、不合理的要求，被拒絕後，做了、講了一些嚴重錯誤的事和話。以極其錯誤的行為，造成原患病症惡化而死亡；姬鵬飛一生曾對黨的事業，對國家外交，港澳等工作，作出較大貢獻」，「今後對有關姬鵬飛生前活動等，不舉辦公開形式的研究和紀念。」該通告稱姬鵬飛是「以極其錯誤的行為，造成原患病症惡化而死亡」，含蓄承認了姬鵬飛是自殺身亡。這是繼高崗之後，中共體制內最嚴重的高層領導人自殺事件。

姬鵬飛死後，姬勝德在獄中曾自殺未遂。姬鵬飛的妻子許寒冰要求江澤民准予姬勝德以高血壓症為由保外就醫和要求探望權利，都遭拒之後，悲憤難抑，於二〇〇一年九月服毒自殺，被搶救回來。中共最後被迫以「姬勝德在後期主動交代問題，積極退還贓款，並主動揭發其他人的違法亂紀行為，有立功表現」，在軍事法庭一審中判處「死緩」。二〇〇二年終審時，由「死緩」改判為無期徒刑。數年後，中共再藉姬勝德患有嚴重心臟病，准予保外就醫，被送到京郊一軍隊醫院療養。

據羅瑞卿（前公安部長）之子、前「總參」裝備部處長的羅宇回憶說：揭發姬勝德貪腐和妻兒都已移民美國的內情，是江澤民在軍中「最愛」的前共軍情報系統頭號人物熊光楷。熊光楷於一九八八年由「總參情報部」副部長升任部長，九六年出任副總參謀長，二千年晉升上將，二〇〇六年退役。他在軍中仕途得意是受到了姬鵬飛的提拔（姬曾任駐東德大使和外交部長，熊曾先後派任駐東、西德武官處工作），熊則以提拔姬鵬飛的兒子姬勝德、出任總參二部副部長作為回報。但在遠華走私案中，熊光楷主動向江澤民舉報姬勝德。《明鏡新聞》稱，熊光楷是軍情系統「以商養情」的主導者，應為「以商養情」造成軍情單位貪腐、造假（情報）等的腐敗情況負責。這項曾被軍委副主席張萬年稱讚為「商情兩旺」的「以商養情」，實際是允許生意人掛靠上軍情部門，利用從事情報工作為掩護，可攜帶巨額現金出境到香港（中共海關限定公民只能帶六千港幣現金出境）。自習近平整肅貪腐後，熊光楷也面臨被審查危機。《明鏡新聞》說：熊光楷的貪腐超過十個徐才厚。

熊光楷為共軍內部鷹派人物。一九九五年三月，他曾以總參謀長助理身分率團訪美，向美國國防部轉達鄧小平的警告：「臺灣問題是中美關係的重點，如果處理不好，結果可能會是爆炸性的！」一九九六年二月，熊光楷以副總參謀長身分兼任「對臺作戰指揮部」副總指揮，三月即陪同張萬年到福建前沿參與指揮對臺「武嚇」的共軍大規模軍事演習。他也是中共中央「對臺工作領導小組」成員之一。

「二部」因負責全軍外派人員名額分配、資格審查，和核准權，且軍隊有大量以公司行號為幌子的外派名額。熊光楷藉權為大批中共元老子女大開方便之門，廣結善緣，故而官運亨通。

另一醜聞為前「總參二部」一局（軍事情報局）美洲司司長徐峻平大校，於二〇〇一年叛逃美國，導致軍方情報系統在美國的諜報網被破獲。徐峻平活躍於北京外交圈，負責聯繫美國駐北京武官，和監督共軍與南北美洲、澳洲等國家的軍事交流，並在中美高層會議中擔任翻譯，經常陪同高級軍事代表團出訪。據報導：徐峻平分析能力強，辦事效率高，因而迭次獲得提拔，擢升至美洲司司長。一九九八年，他曾奉派赴美進入哈佛大學甘迺迪行政學院「中國官員進修班」留學，同期還有他的兩名處級部下。該班是哈佛大學甘迺迪學院「中國倡議」計畫項目中的一部分，由香港女富豪龔心如（已歿）提供資金成立，自一九九七年起共舉辦三期，人選由中共遴派（第一期五人，二、三期各九人），學員多係在職局處級骨幹，每年七月起在甘迺迪學院進修一年，但已於二千年停辦。

據外媒報導：徐峻平自哈佛大學結業回國後，因撰寫北約轟炸南斯拉夫中共大使館（一九九九年科索沃戰爭期間，美國B-2轟炸機於五月八日清晨，發射三枚導彈擊中南斯拉夫中共大使館，造成三人死亡，二十餘人受傷，使館建築也遭到嚴重毀壞）的分析報告，受到批評，與上司發生齟齬，並因婚姻出現問題，於二〇〇一年十二月利用赴美公幹機會，向美國中央情報局（CIA）投誠。

徐峻平因掌握了「二部」海外情報網絡的大量機密，他的「叛逃」對共軍情報系統的打擊極大，「二部」即採取緊急措施，以減輕對軍情系統的破壞，和防止再有軍情人員叛逃事件發生。中央軍委則成立專案組調查此案，規定所有現役和退役師以上軍官的護照都上繳，對申請出國的軍事人員則嚴加審查。

同一時期，「總參」還有兩名高級軍幹「叛逃」，一位是「二部」負責科技情報的王姓軍官；一位為軍事戰略專家鄭鎮江；另廣州軍區也有多人「叛逃」，包括一位正團級、一位副師級軍官，帶走廣州軍區臺海戰爭兵力調派、後勤佈署等作戰情報。

二、原總參技偵部　編為戰支網路空間作戰部隊

中共於二〇一五年十二月三十一日組建的共軍新兵種「戰略支援部隊」（或稱為軍，英文為PLA，Strategic Support Force），成為是中共繼陸、海、空、火箭軍之後的第五大軍種，並任命司令員高津中將（原任軍事科學院院長，已晉升上將）、政委劉福建上將（原北京軍區政委）、副政委呂建成少將、副司令員兼參謀長李尚福少將、副司令員饒開勳少將（三人已晉中將）和副參謀長易建設少將。根據中共說法，「戰略支援部隊」是「將戰略性、基礎性、支撐性都很強的各類保障力量進行功能整合後組建而成」。在中共刻意保密下，外界鮮知這支部隊內涵，但從該部隊的臂章圖案判斷包括有網路攻防、電子對抗、衛星管理等方面功能。

共軍戰略支援部隊臂章

習近平於二〇一六年八月二十九日視察「戰略支援部隊」，他強調：「要紮實打牢戰略支援部隊建設的思想政治基礎，強化政治意識、大局意識、核心意識、看齊意識（簡稱「四個意識」）」，「牢牢堅持黨對軍隊的絕對領導，堅定不移聽黨的話、跟黨走」。當年二月，習近平向共軍新編各戰區授旗並頒布訓令時，也有同樣強調「四個意識」和堅持「黨對軍隊的絕對領導」，這已成為共軍政治思想教育重點，也顯示軍隊中對「以黨領軍」存在嚴重的問題。

媒體普遍認為「戰略支援部隊」包括情報偵察、衛星管理、電子對抗、網路攻防、心理戰等五大部分。其中情報偵察，不是傳統的間諜深入敵區蒐集情報，而是指原「總參三部」的技術偵察；衛星管理即所謂「天軍」。

據《百度百科》分析：「技術偵察工作，主要通過電子偵察站、電子偵察衛星、電子偵察機等手段獲取敵方雷達和無線電通訊信號，經處理分析獲取資訊；電子對抗力量包括電子對抗團、電子偵察機等，負責干擾敵方雷達和通訊；網路攻防力量指駭客部隊；心理戰力量包括最近服役的心理戰飛機等，可通過網路、電視和廣播方式對敵方廣大區域實施心理戰。電子戰這類部隊不真刀真槍地打仗，但他們對作戰的價值一點也不亞於傳統部隊。技術偵察和電子對抗；電子對抗、網路攻防和心理戰在技術層面密不可分，因為無法截獲信號就不可能實施干擾，不能干擾也就不能傳播心理戰信號」。「這種多層面的緊密關係，決定了將它們捏合成整體可以取得更好效果。這些部隊的共同特點，首先是都不直接參戰，而是為作戰部隊提供資訊支援和保障；其次是不適合專門隸屬某一軍種，但又無法與各軍種脫離關係，電子偵察機、心理戰飛機等表現的尤其明顯；第三是行動具有戰略意義，可以對國家博弈、戰爭進程等產生重大影響。在調整軍委總部體制、實行軍委多部門制、形成軍委管總格局過程中，出於精簡機構和人員、理順指揮關係等方面的考慮，決定將總部直屬的情報、技偵、電子對抗、網路攻防、心理戰、通訊等方面力量分離出去，這就需要建立新的指揮和管理體制。將它們整合到一起時，稱『戰略支援部隊』最為合適」。「戰略支援部隊可能包括情報、技術偵察、電子對抗、網路攻防、心理戰五大領域。」

《百度百科》和許多外媒都認為「總參情報部」也併入「戰略支援部隊」，但現已確知「總參情報部」未納編入該新軍種，而隨「軍委」體制改革成為「聯合參謀部情報局」。

因此根據中共官方消息透露和新聞報導分析，「戰略支援部隊」包含四個獨立的兵種，**（一）網軍（網路戰部隊）**：即從事網路攻擊與防禦的駭客部隊，由原「總參三部」（技術偵察部）撥編成立，稱為「戰略支援軍網路空間作戰部隊」，簡稱「戰支三部」；**（二）天軍（太空部隊）**：即軍事航天部隊，負責偵察、導航衛星為主任務；**（三）電子戰部隊**：負責作戰指管通情、欺敵以及干擾雷達和通信系統等任務；**（四）心戰部隊**。

「總參」情報系統在一九五三年成立時，分為「情報部」（二部）和「技術偵察部」（三部））兩機構。「三部」又稱「監聽部」，第一任部長為李克農，番號為「人民解放軍六一一九五部隊」，任務主要是負責監控、蒐集、分析電子（信號）情報，包括對各種無線電信號的偵搜、密碼破譯、電話監聽、傳真截收，其中也涵蓋各國駐陸使領館電文、企業郵件和犯罪網路。在「懲越戰爭」時，「總參三部」因成功破解越方大量軍事密碼而受到鄧小平的的嘉獎。「三部」還遴派譯電和報務員負責所有駐外使館的無線電收發，和反竊聽工作等。

網路發達之後，「三部」又增加了對互聯網的監視和網軍攻擊。衛星偵察及情報分析也是「三部」的重要任務。據媒體報導該部擁有十萬名的駭客、語言專家和分析師，和相應的技術軍官，承擔監控分析全球通訊任務，從職能上看，「三部」類似美國的「國家安全局」（NSA）。

「總參三部」總部設在北京海淀區岳家花園（郵遞區號：一〇〇〇九一，行政區劃代碼：一一〇一〇八），在上海、青島、武漢、三亞、珠海、哈爾濱、成都、廣州等地都設有分部。「三部」下轄十二個局組織：第一局（駐北京市）；第二局（即六一三九八、六一四八六部隊，駐上海市）負責英語國家電訊情報，主要目標為美國國務院和國防部。「二局」的「微機成像」即衛星偵照及分析工作；第三局（駐北京市），一九九九年美國柯林頓總統訪華時，由三局負責全程技術保障與偵察；第四局（駐青島市，番號六一四一九部隊），主要偵搜目標為日本；第五局（駐北京市）；第六局（駐武漢市），專責偵搜臺灣電訊情報，包括衛星、高空偵照、電波截聽、行動電話，和網路數據等資訊。另在福建省至少部署三個以上巨型訊號情報監聽站，專門監聽臺灣無線電訊號；第七局（駐北京市）；第八局（駐北京市），主要針對前蘇聯獨聯體國家，和中亞地區各共和國。該局有一個偵聽站位於定遠城（或稱定遠營、王爺府，位於賀蘭山西麓，現名巴彥浩特），偵聽中俄邊界電訊；第九、十、十一局（均駐北京市）；第十二局（駐上海市），負責「識別和跟蹤外國衛星－主要是美國軍用衛星」。十二局設施一處位於山東昌邑市，一處位於西昌。除「二局」的幹部需具英語文能力外，其他局則要求具有日語、韓語、俄語、西班牙語等語文之一。

美國麥迪安（Mandiant）網絡安全公司經過六年追蹤，於二〇一三年二月證實共軍駭客組織隸屬「總部設於上海浦東一個老社區內，在遍佈餐館、按摩房和酒店的大同路邊一棟白色的十二層建築內的中國人民解放軍六一三九八部隊」，亦即「總參謀部技術偵察部第二局」。「三部二局」因而受到國際關注，據「維基解密」（WikiLeaks）揭露：美國的情報機構稱「二局」為「拜占庭式的坦率」（目前已停用該名稱），利用「魚叉式捕魚」攻擊程式，通過電子郵件引誘收件人點擊郵件，即將惡意軟件安裝在目標之計算機上。再通過這些計算機，潛入內部系統，竊取情報。

「二局」第三處的番號為六一八〇〇部隊，位於上海寶山區。美國司法部在二〇一四年五月份提起的訴訟中指出，竊取美國機密的五名駭客軍人即屬於該處。其中一人汪東，自稱為「薄情寡義之人」，在微信網上用名為「Ugly Gorilla」，頭像是一個扮鬼臉的卡通大猩猩。

二〇一五年，中共網路駭客攻擊美國的爭議達到最高峰，美國聯邦人事局曾遭遇大規模駭客攻擊。這年九月，美國國家情報總監詹姆斯．柯拉珀（James Clapper）在國會聽證會上作證說：中國駭客持續且廣泛的以美國為目標，竊取美國國家安全情報、敏感經濟資料和智慧財產權等。美國雖不斷向中國政府反映，但是中國政府從來都不承認。

參眾兩院也提案，要求政府禁止使用中國廠商華為、中興等電信產品，以免美國重要資訊洩漏。時任美國總統歐巴馬甚至說，中國對美國的網路攻擊不能接受，總有一天會將其視為核心的國家安全威脅。習近平在二〇一五年九月訪美時，與歐巴馬就網路安全問題達成基本共識，雙方都不支援商業目的的駭客行為。但是中共的駭客行動並未從此絕跡。據「網路安全公司」（Crowd Strike）稱：此協議可能使中共改用民間承包商，例如「博禦」（它更為人熟知的名字是APT3、Gothic Panda）竊取機敏資訊。「博禦」實際是「國安部」所屬駭客公司。

二〇一八年四月二日柯拉珀在另一場華府的討論會上說：中國擅長發動有針對性的網路釣魚攻擊，駭客一般以電子郵件的方式假冒身分誘使收件人點擊鏈接或下載附件，侵入使用者的電腦系統。「你可能會以為情報界的人都很精明，瞭解這方面的問題。不是，他們一樣會在網路釣魚攻擊面前上當受騙。」

「總參三部」位於武漢地區的「六局」，專門負責臺灣的技術情報蒐集和研析，情蒐來源包括對臺灣的衛星和高空偵照、電訊截聽，以及從臺灣國際長途電話、傳真、行動電話、網路數據所截收到的情資。中共在監聽臺灣電話的設備中，預置關鍵辭彙，當設備感應到這些辭彙時，立即警示監聽人員監聽。「六局」有部分單位以研究中心和通訊實驗室名義為掩護隱藏在武漢大學內。美國政府過去就曾揭露中共將「網軍」藏在校園內，「假學術之名，行情蒐之實」。

中共「網軍」在二〇一三年對臺灣網路攻擊次數，據我政府公布：國防部一〇一萬次，國安局七二二萬次，調查局一五六萬次。二〇一八年四月行政院資通安全處透露：台灣公部門每個月遭受網路資安攻擊二千萬到四千萬次，攻擊來源通常多經過跳板或其他手法掩護，但根據攻擊特徵跟樣態分析，可以判斷多數來自中國大陸。總計二〇一七年被攻擊成功有三六〇件，其中有十二件較嚴重，造成重要系統對外服務被中斷、重要資料被外洩等，如外交部領事事務局與外館的聯絡信箱密碼被破解，導致民眾出國登錄的個資洩漏。此外並明顯觀察到中共網軍攻擊成功率在提高，顯示網攻越來越精準。

「總參三部」在前七大軍區內均設有「三局」，和設置大型的「偵聽站」，負責技術情報的蒐集和處理。設在各軍區的「偵聽站」各有不同的面向和偵搜目標區域，如：蘭州軍區「三局」專責偵聽俄羅斯方面的信號通訊，和監聽俄方導彈攻擊早期預警情報的重要使命。各軍區「偵聽站」也負責監控各地區內所有的國際長途電話、國際傳真，和七大軍區本身的所有無線及有線通訊。對七大軍區的通訊監控，名義上是為了戰備安全，實際是防止軍隊圖謀不軌。

「三部」也在境外友好合作國家內設立秘密「偵聽站」：一九九四年在寮國南方占巴塞省（Champasak）建立三個「偵聽站」，其中一個在Khong；在緬甸安達曼海的椰樹島上設立有「偵聽站」；在Paracel群島中林島附近的石島，設有一個「偵聽站」，偵搜南中國海周邊國家電訊；與古巴合作，利用盧德（Lourdes）前蘇聯所建立的大型「偵聽站」，偵搜美國電訊情報。

據該部人員透露：上世紀九十年代，「三部」密碼分析，對周邊小國（如泰國、蒙古、越南等）的密碼，基本上都能破解；但對美俄的密碼，仍搞不定。

「總參三部」還設有兩個研究所：「五十六研究所」，位於江蘇無錫，又稱：「江南計算技術研究所」，為共軍規模最大的計算機研究所；「五十七研究所」（另一說屬於聯參情報局），位於四川成都，為共軍規模最大的電子研究所。

學校則有兩所：「解放軍外國語學院」，負責培養「三部」軍事外語和軍事情報偵查人才。文革後該校分為兩個學院，分別遷至洛陽和南京，稱為「解放軍洛陽（或南京）外國語學院」。「洛陽外國語學院」又稱為「八一八外國語學院」，該校截至二〇一五年止，設有四十七種語文專業，包括英、俄、日、德、法、西班牙、義大利、阿拉伯、泰、朝鮮、烏爾都、越南、普什圖、烏茲別克、哈薩克、維吾爾、緬甸、尼泊爾、蒙古、烏克蘭、吉爾吉斯、印度、藏、閩南等共有三十三個語種的外語專業。二〇一七年為因應國防和軍隊的深化改革，將該校併入「資訊工程大學」成為該校「外國語學院」，現有外國語言文學類、軍事外語學類、國際事務與國際關係類，和偵查情報等四個大項專業。原「南京外國語學院」則於一九八六年改組為「解放軍國際關係學院」，並在二〇一六年一月，撥交新建的中央軍委「訓練管理部」，現屬於「聯參情報局」負責培訓武官。

「解放軍信息工程大學」：一九九九年七月，中共中央軍委將原「資訊工程學院」、「電子技術學院」、「測繪學院」合併為「解放軍信息工程大學」，位於河南省鄭州市，隸屬「總參」建制領導。二〇一七年與「解放軍洛陽外國語學院」合併為「戰略支援部隊信息工程大學」，負責培訓資訊領域高層次的人才，是共軍網路安全人才、非通用語人才、全軍出國人員外語、外國軍事留學生漢語之培訓基地。該校設有國家網路空間安全發展創新中心。

「信息工程大學」現有七十八個本科專業。從該校二〇一七年招生簡章，招訓的本科專業有：資訊、通信、偵測、水聲、測繪、軍事地理資訊、作戰環境、網絡、密碼、大數據、導航等十一項「工程」，以及管理科學與工程、微電子科學與工程、遙感科學與技術、科學與技術、地理科學、電子科學與技術、信息對抗技術、計算機科學與技術、資訊安全、密碼學、預警探測、偵察情報、國際事務與國際關係、軍事外語類、外國語言文學類等，共計二十五項專業，從這些科系不難窺見「戰支三部」工作實質內容。

二〇一五年五月，原任「三部」部長孟學政少將調任「信息工程大學」校長，但就任不到一年，因涉及向已落馬的前軍委副主席郭伯雄買官，於二〇一六年上半年被撤換，由副校長的郭雲飛少將接任校長。

二〇〇六年網路曾出現一份招生簡訊，從內容判斷應是「三部」招聘簡章。它說：「我部為總參直屬單位，主要擔負戰略情報收集整編、戰場監視、航空偵察、裝備科研論證等任務，為軍委、總部提供及時準確的情報保障」，「部隊駐地位於北京海淀高科技園區，毗鄰北京航天城」，「專業需求：飛行器導航、無線電測控、衛星通信、擴頻通信、圖像傳輸與處理、數據庫與專家系統、紅外熱成像技術、激光技術、合成孔徑雷達技術、伺服跟蹤技術、電視與編輯設備技術、視景仿真技術飛行器總體設計、地圖數字化處理技術、航空發動機」。「學歷要求：碩士研究生以上」。

「三部」也向全國各大學招聘具有電腦專業、數學專業研究生工作。在浙江大學的計算機與技術科學學院二〇〇三年的「招生頁面」，即有《中國人民解放軍六一三九八部隊招收定向研究生的通知》，內容為：「中國人民解放軍六一三九八部隊（地點在上海浦東）擬招收二〇〇三級計算機專業碩士研究生為定向生，對簽定協議的學生將提供每學年人民幣五千元的國防獎學金，學生畢業後定向到部隊工作。」

此外，「三部」的其他組織有：辦公廳、政治部、後勤部、綜合局、科技裝備局、科技情報局、計算中心站（位於北京市）、網路控制中心（位於北京海淀區）。據報導在杭州有一所特務培訓中心主要培訓技術偵探特務。

據美國安全專家二〇一二年八月公佈資料顯示，中共藉由對包含臺灣、聯合國、各國企業和政府等在內的七十二個機構之網路攻擊，竊取了大量軍事及商業情報。中共網軍更借道臺灣攻擊美國的軍事中心。

「三部」也透過海外華人駭客入侵所在國家網路竊密。據「美國之音」電臺報導：旅居加拿大的華裔商人蘇斌（譯音）被「總參三部」召募，從二〇〇八年起非法侵入美國波音等國防工業承包商的電腦，竊取敏感的軍事科技情報，包括為美軍生產的C-17戰略運輸機和戰鬥機等機密資料。二〇一四年蘇斌在加被捕，引渡到美國受審，二〇一六年七月被判處有期徒刑四十六個月。

澳洲網路安全中心二〇一七年十月發布《二〇一七年威脅報告》稱：二〇一六年七月中旬，澳洲國防分包商小型航太工程公司曾遭中共「網軍」以慣用之遠端存取木馬「中國菜刀」（China Chopper）攻擊，「長驅直入」長達四個月，竊取美國F-35匿蹤戰鬥機（澳洲政府購入七十二架）、P-8反潛巡邏機、C-130運輸機、聯合直接攻擊導引炸彈（JDAM）等武器機密資訊，和澳洲海軍船艦資料。外洩「敏感數據」多達30GB。

二〇一八年一月法國媒體《世界報》（Le Monde）報導：「非洲聯盟」位於衣索比亞首都阿迪斯阿貝巴的總部發現，中共已竊取「非盟」情報長達五年。該盟的電腦儲存檔案自二〇一二年起便被中共定期複製傳送到上海伺服器，而該盟總部建築正是中共於二〇一二年建造啟用。顯然這是中共藉援外手段，計劃性的竊取「非盟」情報。

三、原總政聯絡部　改名軍委政治工作部聯絡局

共軍「總政聯絡部」，為「總政治部」下轄二級部，正軍級單位，負責情報與反情報工作。前身為中共建政前的「對敵工作部」（簡稱「敵工部」），歷史上是負責策反、心戰，和對戰俘洗腦等任務。在國共內戰時期，「總政聯絡部」曾派出大批特工，打入國民黨政府和軍隊內部，上世紀五〇年代初在臺被國府破獲的共諜吳石和朱楓（女），即「敵工部」派遣滲透國府內部和來臺聯繫的敵特人員。韓戰期間，也曾負責對聯軍心戰和戰俘洗腦工作。二〇一三年，「總政聯絡部」為紀念在國共鬥爭期間隱蔽戰線犧牲的特務，在北京西山森林公園，位於香山八大處之間修建了一座「無名英雄紀念廣場」。

一九四九年中共建政後，將「敵工部」改組為「總政聯絡部」，仍以對國府的情報工作為重點，負責策反國軍將領，及「瓦解」與國府有關的敵對勢力等任務，同時兼顧港澳地區（港澳回歸後，這部分職能也已轉移），和日本、韓國、朝鮮等鄰國之情報工作。中共改革開放後，「聯絡部」的工作重心也隨之改變，逐漸轉向影響美國及西方國家。美國國防部曾指控該部：「它負責主動去影響外國防務政策」。

「聯絡部」工作除對境外派遣諜員，從事情報工作外，也因對國府和各國政府搞「上層人物」關係，而與中共中央「統戰部」和「中聯部」工作有重疊之處。據知，「聯絡部」對外派遣軍事情報人員，須經「總參二部」審查。

「總政聯絡部」的保密性顯然強過「總參二部」，外界對其內部瞭解有限，能查到的歷任部長僅數位，即使組織架構，亦僅知道有：聯絡局、調查局、邊界局、宣傳局。另外，在廣州與上海設有秘密「分局」（或稱「聯絡局」）。調查局是負責外軍和臺灣政治情報蒐集的主要單位；上海分局則以臺灣國軍為主要工作目標。據知「聯絡部」對臺灣上校以上軍官資料均輸入電腦建檔，包括住址、學經歷，和所能獲得的個人

生活資訊，這項工作與「聯參情報局」和「軍事科學院」等情蒐機關嚴重重疊。

曾擔任「聯絡部」部長，有兩人較為外界熟悉：

（一）**楊斯德**，曾先後擔任「聯絡部」副部長兼廣州「聯絡局」局長，前「福州軍區」政治部副主任，再調升「聯絡部」部長，兼中共中央「對臺工作領導小組」辦公室主任，「政協」臺港澳僑聯絡委員會常務副主任。「文革」期間楊斯德曾遭迫害，關押五年。「文革」結束後，重返原職。一九八六年五月，「華航」一架貨機因機長王錫爵叛變，劫機飛抵廣州白雲機場。中共指派楊斯德帶領「華航事件」小組到香港與國府代表談判，首次突破了國府長期堅持的「不接觸，不談判，不妥協」的「三不」政策，海峽兩岸關係自此開啟新頁。

據《中國時報》二千年七月八日報導：一九八八年二月六日，大陸「政協」常委賈亦斌曾透過僑居香港的國學大師南懷瑾，轉達北京有意與李登輝總統接觸。四月二十一日，賈亦斌陪同中共中央「對臺辦」主任楊斯德赴港，向南懷瑾表達北京希望與臺灣通過和平談判解決國家統一問題。南懷瑾為此與李登輝辦公室主任蘇志成通過電話聯繫，但不久因一九八九年北京發生「六四天安門事件」，兩岸溝通暫時停止。一九九〇年九月蘇志成秘密赴港，邀請南懷瑾來臺，與李登輝連續兩天會面商談，南懷瑾勸李登輝不要做歷史罪人。同年十二月三十一日，蘇志成與楊斯德首度在香港會面。蘇志成透露李登輝準備終止動員戡亂時期（一九九一年五月一日廢止），曾希望中共對終止動員戡亂時期有所表態，但未獲回應。

一九九一年二月十七日，蘇志成與時任「華視」企劃室經理鄭淑敏（後任中視董事長）、潤泰建設董事長尹衍梁到香港，與大陸代表見面。雙方達成停止軍事對峙、停止一切敵對行動、停止一切危害兩岸關係和統一的言論行動之所謂「三停止」共識。三月二十九日，南懷瑾針對雙方互信薄弱提出「和平共存、協商統一」八字方針，不過雙方沒有簽字確認。楊斯德曾邀請蘇志成前往北京繼續商談，蘇志成未答應。

同年六月十六日，蘇志成再度赴港會談，談話內容因停留在事務性層次，而陷入僵局。一九九二年六月十六日，海協會會長汪道涵、楊斯德和許鳴真（曾任「統戰部」辦公室負責人），參與會談，雙方接受南懷瑾建議，確定首次辜汪會談日期。同年八月，許鳴真赴臺秘密會見李登輝，但無具體結果。而兩岸的秘密管道在許鳴真見過李登輝之後，無疾而終。總計自一九九〇年起，李登輝派蘇志成，鄭淑敏等人前往香港，和楊斯德等中共代表會面，前後多達四十多次。

（二）葉選寧。葉選寧為中共已故元老葉劍英的次子，一九九〇年出任「總政聯絡部」部長，一九九三年兼任該部對外掩護機構暨營利企業之「凱利集團」總裁。葉選寧前在一九七四年時，曾因右臂不慎被機器輾斷，雖經接回，但功能全失，他卻能以左手練就了一手剛勁瀟灑的行書，因而被人稱為「獨臂將軍」。據《中共太子黨》一書稱：「葉選寧極為精明，足智多謀，在葉家後代中最出類拔萃。葉選平（葉劍英長子，曾任廣州市長、廣東省長、全國政協副主席）有什麼難題還要經常向他討主意，號稱葉選平的軍師」，「（葉選寧）甚至多次前往臺灣，王永慶的『海滄計劃』也是他給牽的線」。葉選寧任內最倚重的對臺研究智囊為沈衛平和辛旗。在上世紀九〇年代，葉選寧成為中共「太子黨的精神領袖」，因他的關係，不少太子黨在「聯絡部」外圍組織「中國國際友好聯絡會」的管理層兼任職務，如鄧小平之女鄧榕當上「友聯會」副會長，江澤民也攏絡他，稱他為「老闆」。

「凱利公司」為「總政聯絡部」於一九八四年成立的掩護特務活動的企業，「凱利」是取自英文Carrier（運輸工具或人）的譯音，營業項目廣及貿易、房地產、旅遊、實業、諮詢、餐飲服務等行業，實際以軍火生意為主，負責中共導彈的外銷。目前有子公司十三家，其中一家設在北京中關村的「電子一條街」，專營計算機等電子器材，對外也稱「凱利公司」。也為「聯絡部」賺到大筆預算外活動資金。因而，「總政聯絡部」的情報工作勢頭壓過了「總參情報部」，兩大特務機構的矛盾也隨之日深。

此外「總政聯絡部」還有一個核心重要任務是對內，負責監視、監控中共黨、政、軍各界各領域的高級官員，防止這些人有二心，防止他們出賣中共和洩漏軍事機密情報，猶如明朝時的特務機關「錦衣衛」，因此葉選寧又被稱為「錦衣衛指揮使」。葉選寧雖於一九九七年退役，但由於葉劍英家族的勢力龐大，他仍是「總政聯絡部」及「凱利公司」幕後的操控者。二〇一二年中共「十八大」前爆發的「倒薄事件」中，葉選寧起了關鍵作用，力挺習近平接任總書記。葉選寧業於二〇一六年去世。

相對楊斯德、葉選寧，「總政聯絡部」卻出現了一個「買官」的部長。二〇一四、一五年，港媒多次報導：「總政聯絡部」部長**邢運明**，涉入軍委前副主席徐才厚案被捕。徐才厚因貪腐於二〇一四年，被移送審查供出：邢運明原擔任國營企業「華揚財務集團有限公司」董事長，既沒有當兵履歷，也未做過情報工作，更缺統戰經歷，經由前「鄧（小平）辦」主任王瑞林（上將）推薦，向徐才厚行賄六千萬元「買官」。徐才厚於二〇〇一年將邢運明直接調入「總政」（徐才厚時任總政治部副主任，二〇〇二年升主任）出任「聯絡部」副部長，授予大校階級，二〇〇五年再提拔為「總政聯絡部」部長，晉升少將。

邢運明上任後，即兼任「文促會」和「友聯會」兩會的常務副會長，並擔任「華夏經緯資訊科技有限公司」董事長。為感謝徐才厚的提攜，他特別安插徐的女兒徐思寧長期在「總政聯絡部」掛名領餉。邢運明還利用職權，發給涉及福建「閔發證券違法案」的商人吳永紅單程旅行證件，護送去香港保護起來，吳永紅則回報四億（一說為一・五億）人民幣，和每只黃金五兩重的金元寶八十八個。二〇一四年八月邢運明被捕審查，承認在行賄徐才厚之前，已先向王瑞林行賄兩千萬人民幣。

該部工作較為人所知的，反而是其外圍工作掩護機構：

（一）「中國國際友好聯絡會」（簡稱「友聯會」，英文縮寫CAIFC），為「總政聯絡部」對外工作的掩護機構，一九八四年十二月成立，會址在北京市海澱區馬甸冠城園冠海大廈九和十樓，並在全國各地設有三十四個分會。理事會由卸職和現任的政府官員，和外交家、企業家、教育家、藝術家、學者組成，其中有許多高幹子弟和知名人物。

如該會第四屆（二〇〇八年四月至二〇一六年五月）的領導層，會長由中共外交部前部長李肇星掛名，常務副會長邢運明則為「總政聯絡部」部長，八名副會長中，有三人是「聯絡部」副部長（沈衛平、鄒征遠、辛旗），方輝為會長助理。第四屆的先後兩位秘書長陳祖明、宋恩壘二人都是「聯絡部」重要幹部。「友聯會」現任會長陳元，為中共元老陳雲之子；副會長為乙先（原任「政協」理論研究會副主任，二〇一五年出任「友聯會」副會長，兼該會的法定代表人）、鄧榕（鄧小平之女）、辛旗（少將）、程國平（原任外交部副部長，二〇一六年五月出任副會長）；秘書長：李浩宇；副秘書長：周新政（乙先等六人為常務理事）。

另「友聯會」下設有理事工作部、人事部、亞洲部、第二亞洲部、美大部、歐洲部等機構，證明「總政聯絡部」工作，已向亞歐美洲擴張發展。二〇一七年九月上旬，辛旗就以「友聯會」副會長名義率團訪日，會見外務大臣河野太郎，就促進中日關係改善及加強民間友好交流，表示：「友聯會」願為改善和發展中日關係做出努力。

據外媒體報導：「友聯會」為拉攏美國商界精英，曾安排由國際著名投資銀行摩根斯坦利首席執行長約翰·馬克率領的美國商界代表團訪問中南海。CAIFC也曾通過所設立的平臺「中國公益論壇」接待美國富商約翰・霍華德、托尼・布雷爾和比爾・蓋茨。另據澳洲媒體Fairfax一項調查披露，澳洲最具影響力的一些商界領袖，包括鐵礦石巨擘，和曾是澳洲首富的弗雷斯特（Andrew Forrest）訪問中國大陸，受到「友聯會」的「盛情款待」，回到澳洲後到處宣傳澳洲人要與中國友好相處，引起當地媒體對中共影響澳洲商界和政府決策程度的極大關注。該項調查披露，澳洲四大銀行、捷達航空公司、澳洲商業委員會（ＢＣＡ）的高層以及前駐華大使芮捷銳（Geoff Raby），都曾接受過中共「友聯會」的款待，但澳洲的這些商界領袖們卻渾然不知這是「總政聯絡部」的附屬組織。

（二）**「中華文化發展促進會」（簡稱「文促會」）**，性質與「友聯會」高度近似，成立於二〇〇一年六月。該會號稱是由文藝界、學術界人士組成的全國性文化學術團體。但其第一屆常務副會長邢運明，副會長辛旗，秘書長鄭劍、副秘書長權月明之名單，已曝露它是「總政聯絡部」的外圍掩護機構，所以「文促會」和「友聯會」都是「總政聯絡部」所設立，藉「民間組織」的名義掩護，從事海外情報工作和統戰活動。「文促會」現任會長王正偉，本職「政協」副主席，非「聯絡部」人員；副會長趙博，曾任「友聯會」副會長，應為「聯絡部」副部長級重要領導幹部；秘書長王法偉，原為副秘書長，曾任華藝出版社（為「文促會」下屬機構）高級編審，應是「聯絡部」重要幹部。

（三）**「和平與發展研究中心」**。位在「友聯會」內，設有「和平與發展」編輯部，應是研究與出版機構。

另據外逃大陸富商郭文貴爆料：「總政聯絡部」曾在北京「恩濟花園」社區買了三棟別墅，接待臺灣退將、政企人員。根據Google地圖顯示，「恩濟花園」位於北京市三環路和四環路之間，海澱區藍靛廠南路八裡莊，鄰近北京地鐵十號線的西釣魚台站。

二〇一六年十二月曾有消息稱，為配合「軍

改」案，「總政聯絡部」將併入中共中央「聯絡部」，除了部分涉具體情報工作的人員轉撥「聯參情報局」外，併入「中聯部」人員則轉為文職，這項消息迄今未據有後續報導。但據二〇一七年六月二十二日軍委「政治工作部」發佈的命令：將前「總政」副主任唐天標的秘書孫景濤少將（「聯絡局」副局長）、前「總政」副主任周子玉的秘書趙魯渤少將（聯絡部幹部）、徐才厚親信方輝少將（聯絡部幹部，友聯會會長助理）等三人撤職接受審查的內容。在這項命令中唯獨指孫景濤為「聯絡局」副局長，因此判斷原「總政聯絡部」未併入「中聯部」，仍保留在新的「軍委政治工作部」下，改稱為「聯絡局」。

新任「聯絡局」局長，判斷為辛旗，理由：（一）前「聯絡部」部長邢運明對外都以「友聯會」和「文促會」兩會副會長身份活動，邢運明下臺後，新一屆「友聯會」四名副會長（乙先、鄧榕、辛旗、程國平）中，僅辛旗一人為原「聯絡部」官員，而且原是該部副部長；（二）「友聯會」網站報導該會近期活動情況，均集中在辛旗一個人身上，顯示其地位已不同以往。

辛旗，一九六一年生於北京，滿族。河北大學哲學系畢業，中國社科院研究生。一九九〇年進入「總政聯絡部」所屬「和平與發展研究中心」從事研究工作，後升任為主任。一九九四年，曾來台在政治大學擔任訪問學者三個月，走遍台灣各縣市和金門。一九九五年，因李登輝訪美，兩岸關係陷入低潮，辛旗參與多份對臺文件的起草工作，成為中共對臺政策的主要智囊之一。辛旗在「總政聯絡部」工作期間，也曾同時在「總參二部」擔任高級研究人員，以「國際戰略研究學會」研究員身份對外活動。後成為「總政聯絡部」部長葉選寧倚重的幕僚，並在二〇〇九年晉升為少將，出任「總政聯絡部」副部長。

辛旗曾親歷兩岸「九二共識」的形成過程，並參與兩次「辜汪會談」的籌辦與會談。一九九八年上海「辜汪會談」結束後，負責安排汪道涵訪問臺灣的行程，但因李登輝突發表「兩國論」而取消。二千年起，辛旗歷任「聯絡部」所屬「文促會」副秘書長、秘書長，數度陪同「人大」副委員長許嘉璐訪臺，與臺灣政治人物多有接觸。二〇〇五年參與中共《反分裂國家法》的起草及制定。二〇〇九年辛旗對外主要以「友聯會」和「文促會」兩會副會長身份活動，參與多個研討會，與海峽兩岸學者討論臺灣問題。二〇一三年辛旗為「聯絡部」策劃建立北京的「無名英雄廣場」，碑文也出自其手筆。二〇一五年四月，媒體曾誤傳辛旗涉及徐才厚案被捕，後證實為假新聞。他曾經公開表示：「建立兩岸軍事安全互信機制，許多事情要只做不說，多做少說，重在操作和解決問題，不求轟動之效應」。

另在「總政」還有一個「保衛部」，前身是「公安部」第五局（武裝保衛局）。一九六六年撥歸屬「總政」建制，主要負責共軍中的反情報工作（反間諜）和軍中的政治調查，屬於半情報工作性質。

07 中共中央情報機構

中聯部統戰部任務重點不同

一、黨的情報機構　中聯部韓朝處長被南韓收買

中共中央「對外聯絡部」（The International Department of the Central Committee of the Communist Party of China），簡稱「中聯部」，成立於一九五一年。「中聯部」的官網上稱：「對外聯絡部是中國共產黨中央委員會負責對外工作的職能部門。主要職責是貫徹落實中央對外工作的方針、政策，跟蹤研究國際形勢和重大國際問題的發展變化，向黨中央提供有關情況和對策性建議；受黨中央委託，負責中國共產黨同外國政黨、政治組織的交往和聯絡工作」。

實質上該部真的職能是：以對外聯絡為名，從事情報活動，故被稱為「黨的情報機構」，是中共秘密情報部門之一，特別是對於一些不便以國家名義打交道的外國政黨，中共常常以「中聯部」名義暗中聯繫。在毛澤東時代，「中聯部」負責支持各國共產黨進行暴力革命，是東南亞國家共產武裝叛亂的總後台，因而惡名昭著。

「中聯部」工作對象原僅包括各國的共產黨及其他左翼政黨。一九八二年九月，中共「十二大」通過中共與各國共產黨發展關係的四項原則為：「獨立自主、完全平等、互相尊重、互不干涉內部事務」，並寫入了黨章。到一九八七年十月，中共「十三大」再擴大為亦適用於中共與各國各類政黨之間的聯繫準則，打破了原來只與外國共產黨、工人黨以及其他左翼政黨交往的局限，逐步同開發中國家的民族民主政黨，以及已開發國家的社會黨、工黨、保守黨等各種意識形態和性質的政黨、政治家及其國際組織發展關

係。目前「中聯部」已與世界一百六十多個國家四百多個政黨和政治組織建立了聯繫往來，其中多數為執政黨和參政黨。「中聯部」因而自詡做到了「知交盡四海，萬里有親朋」。

「中聯部」坐落在北京市海澱區復興路四號院。下設若干局，按地理區域劃分職責：

一局（亞洲一局）：負責與南亞和部分東南亞（菲律賓、印尼、馬來西亞、泰國、緬甸等）國家政黨及政治組織的聯絡交往和對該地區各國及政黨和政治組織的研究工作。二〇〇〇年和二〇〇二年，「中聯部」曾參加了在菲律賓馬尼拉和泰國曼谷召開的第一、二屆亞洲政黨國際會議，二〇〇四年並在北京主辦了第三屆亞洲政黨國際會議。

二局（亞洲二局）：東北亞（含蒙古）和印支地區（越南、老撾、柬埔寨）。其中越南共產黨、朝鮮勞動黨、老撾人民革命黨等亞洲社會主義國家執政黨交往，是「中聯部」工作的重點。據媒體報導：被美、韓政府指控秘密運送核武原材料給北韓的中國丹東「鴻祥實業」董事長馬曉紅（女），即「二局」打著民間名義援助朝鮮所運用的特務。

三局（西亞北非局）：聯繫埃及、阿爾及利亞、突尼斯、蘇丹、敘利亞、以色列、巴勒斯坦、土耳其、伊朗、伊拉克、葉門、黎巴嫩、賽普勒斯、摩洛哥、茅利塔尼亞等國的主要政黨或政治組織。中共透露截至二〇〇七年（以下皆同），已與該地區十七個國家近五十個執政黨和參政黨建立了聯繫關係。

四局（非洲局）：撒哈拉沙漠以南的非洲國家。中共與非洲四十多國和地區的七十多個政黨建立了聯繫。

五局（拉美局）：拉丁美洲和加勒比地區國家（不含美、加兩國），其中與古巴共產黨關係最為密切，並與拉美三十　個國家的一〇五個不同類型政黨建立了聯繫關係。中共特別將拉美與臺灣有邦交的國家的合法政黨和重要政治人物，列為重點交往對象，企圖爭取這些國家最終能轉向與中共建交。此外，中共也與社會黨國際拉美和加勒比委員會、美洲基督教民主組織、拉美政黨常設大會、聖保羅論壇等拉美地區政黨多邊組織建立聯繫管道。

六局（東歐中亞局）：東歐、波羅地海、獨聯體地區國家。中共與該地區二十四個國家的五十多個政黨建立了聯繫。

七局（美大局）：北美（美國、加拿大）、北歐（瑞典、挪威、芬蘭、丹麥）、大洋洲國家。由於這個地區多為發達國家，崇尚民主自由，因此中共提出「本著超越分歧與差異，尋求理解與合作的方針，以開明開放、平等對話、互利合作的建設性態度同西歐、北歐、大洋洲、北美等發達地區的各類政黨廣泛往來，努力尋求共同點和利益的匯合點」，「已成為中國與發達國家之間交流合作的重要管道」。

八局（西歐局）：聯繫英、德、法、義、奧、西、澳大利亞、馬爾他等國家社會黨、社民黨或工黨；與西歐各國右翼政黨如法國保衛共和聯盟、英國保守黨、澳大利亞自由黨、紐西蘭國家黨、奧地利人民黨、德國基民盟、義大利力量黨等也在求同存異原則下交往；一九八三年，中國代表參加了世界上最大的國際政黨組織「社會黨國際」十六大。其後，「社會黨國際」兩任主席勃蘭特（德國社會民主黨主席）和古特雷斯曾分別率團訪問中共，建立雙方戰略對話機制。隨著「歐洲議會」各黨團日趨活躍，中共也與「歐洲議會」中的人民黨、社會黨、自由黨、左翼聯盟、綠黨、民族歐洲等六個黨團建立了聯繫。

「中聯部」還有二個須注意的組織：研究室（從事國際形勢、世界政黨、社會主義運動、當代資本主義及其他重大國際問題的研究，對外進行學術交流與合作；圍繞黨的對外工作組織開展各種形式的新聞宣傳活動）；信息編研室（負責對外聯絡和調研工作蒐集、提供國際問題和世界各國政黨的有關資訊，編研綜合性基礎資料，建設和管理本部對外宣傳網站、部內工作網站和政黨資料庫）。

二〇一七年十二月一日中共在北京舉行的「中國共產黨與世界政黨高層對話會」，這是中共「十九大」後舉辦的首場政黨多邊外交活動，參與的政黨領袖以第三世界國家的執政黨或共黨政權為主，共有來自一二〇多個國家的二〇〇多個政黨和政治組織領導人出席「對話會」。習近平在開幕式致詞說：「各國應該秉持『天下一家』理念，彼此理解、求同存異，共同為構建人類命運共同體而努力。不同國家的政黨應該增進互信、加強溝通、密切協作，探索在新型國際關係的基礎上建立求同存異、相互尊重、互學互鑑的新型政黨關係，搭建多種形式、多種層次的國際政黨交流合作網路」。他提議「將此會議機制化，使成為具有廣泛代表性和國際影響力的高端政治對話平臺。中國將積極推進全球夥伴關係建設，主動參與國際熱點難點問題的政治解決進程。希望各國政黨同中共一起，為世界創造更多合作機會。中共願意同世界各國人民和各國政黨開展對話和交流合作，未來五年，將向世界各國政黨提供一．五萬名人員來華交流的機會」。

中共官媒《環球時報》表示：北京發起的政黨高層「對話會」，第一次是在二〇一四年召開，今年是第四次開會，也是規模最大的一次。「外界瞭解中國，必先瞭解中共」，「一些西方人把中共看成當年的蘇共，把這次政黨大會與蘇聯時期莫斯科主導的黨際交流來對比，但蘇聯當時主要是進行共產黨交流，目的是輸出革命」。北京請來的世界政黨包括傳統意義上的「左中右」政黨，很多正在執政，有些雖然在野，但有可能今後執政。「北京推動的是面向治國理政的黨際交流，毫無輸出意識形態的意思」。實際上習近平在會上所說話，就是「意識形態」的輸出。

「高層對話會」前後，中共還順道舉行了第三屆「中非政黨理論研討會」、第二屆「中國—中亞政黨論壇」、第十屆「中美政黨對話」。中共企圖透過這些國際政黨交流合作，促進其國際外交之發展，實質上是結合「中國崛起」，爭取主導世界新秩序，其取代美國的領導地位之野心，昭然若揭。

「中聯部」現任部長宋濤，一九五五年生，江蘇宿遷人。福建師範大學政治經濟系畢業，一九八八年至一九九一年赴澳洲莫納西大學留學，具博士學位。宋濤曾在福建工作二十多年，二千年轉往外交系統任職，歷任中共駐印度使館參贊、外交部國外工作局局長、駐菲律賓大使、外交部副部長。再調任中共中央外辦副主任、中央外辦常務副主任，二〇一五年十一月接任「中聯部」部長。二〇一七年十一月曾以習近平特使身分訪問北朝鮮，討論聯合國和美國對朝鮮經濟制裁和朝鮮核武問題，遭到金正恩的冷漠對待，避不見面。但北韓情勢於二〇一八年急速發生變化，朝鮮領導人金正恩於三月二十五日至二十八日到北京進行非正式的訪問。隨後，宋濤即於四月率領中國藝術團訪問平壤，參加「第三十一屆四月之春友誼藝術節」，並獲得金正恩熱情接見，顯見「中聯部」在政黨外交的重要性。

北韓因發展核武和試射洲際飛彈，被聯合國協議制裁。美國發現中共「中聯部」仍透過民間企業私運發展核武所需物質至北韓。二〇一六年八月，美國司法部曾兩度派代表赴北京，指控丹東「鴻祥實業」公司和負責人馬曉紅（女）違犯聯合國禁令，將禁運物質氧化鋁（用於生產提煉濃縮鈾所需材料）走私到北韓，幫助北韓發展核武器。據美國有關人士披露，美方早已掌握馬曉紅是「中聯部」運用，打著民間名義與朝鮮進行「外交」的棋子之一。九月，馬曉紅被美國法庭以「密謀幫助朝鮮逃避制裁」的罪名起訴，在美國壓力下，中共不得不逮捕馬曉紅，指其和「鴻祥實業」涉嫌長期參與「嚴重經濟犯罪」，並凍結了鴻祥、馬曉紅等之資產，成了代罪羔羊。

「中聯部」也傳出高階領導幹部被外國情報機構收買醜聞。曾任「亞洲二局」之「韓朝處」（負責南韓和北韓事務）處長的張留成被南韓情報單位吸收為內線間諜。張留成早年留學朝鮮，二〇〇五年曾隨中共總書記胡錦濤出訪北韓，和北韓領導人金正日二〇〇六年訪華期間，擔任胡的翻譯，他因向南韓當局提供胡、金兩人會談機密內容，和中朝外交機密情報，於二〇一六年被中共秘密處決。

除張留成之外，充當南韓和朝鮮間諜的中共官員，最著名的是中共前駐南韓大使李濱，被韓國吸收為間諜。李濱曾擔任過中共駐北韓高級參贊，後官至中共朝核問題特使，全盤掌握中朝核問題談判的情報；被南韓吸收的間諜還有「社科院」日本研究所前副所長金熙德。而被北朝鮮吸收的間諜，則有「社科院」韓國研究中心前研究員、國務院朝鮮半島專家李敦球。因金、李均屬朝鮮族人，且過去不少中共高官是朝鮮族，中央內部因而決定：凡涉及南韓與北韓敏感部門的核心層主管崗位，不再安排朝鮮族人士出任。另跨足日韓兩國

中共中央對外聯絡部

圖片來源：京城帥哥（https://www.panoramio.com/photo/10771059）

的間諜，則是「新華社」外事局前局長虞家復，因向日本駐北京大使和韓國外交人員提供中共國家機密，並收取報酬，被判處十八年徒刑。

二、統戰部新策略　對臺重心青年一代基層一線

中共中央「統一戰線工作部」（The United Front Work Department of CPC Central Committee）簡稱「統戰部」，主要職能是處理中國共產黨與非共產黨精英人士間的關係。非共產黨精英人士主要包括有社會、商業、學術影響力的個人或團體，中國國內外的利益集團。中共冀圖通過「統戰」來確保相關團體或個人支援中共或可以為中共所用。

中共設立中央專責統戰工作機構是從「國共第二次合作」和「抗日民族統一戰線」形成後，於一九三七年十二月，決定在「國統區」武漢派駐代表團，負責與國府的聯繫和談判工作，這是中共最早具有統戰性質的機構。直到一九三九年一月，中共才決定在中央成立「統一戰線部」。但到一九四四年七月中共召開六屆七中全會，又成立「中央城市工作部」取代「統戰部」，領導「敵占區」的抗日民族統一戰線工作，實際就是一個情報機構。

抗戰勝利後，「城工部」一度停止工作。一九四六年底，中共中央重新恢復「城工部」，任務調整為「研討與經營蔣管區的一切工作（包括農工青婦運）」。一九四八年九月，中共將「城市工作部」更名為「統一戰線工作部」，負責「國民黨統治區工作、國內少數民族工作、政權統戰工作、華僑工作及東方兄弟黨的聯絡工作」，並籌備召開新「政協」會議。中共建政後除在中央仍維持「統戰部」外，並擴張在各地方和企業中建立統戰部門。「文革」時「統戰部」被砸爛停頓工作，到一九七九年鄧小平復出後，又重建「統戰部」。由於「統戰部」是由「城工部」轉化而來，證明它是一個情報特務組織，中共更稱：「統戰與特工是傳家寶」，所以統戰與特務工作是一體兩面。

「統戰部」行政級別與「中聯部」一樣為「正部級」，兩者不同之處，在於前者側重非政府組織，後者偏重於政府和政黨的工作。統戰工作主要涉及的是同中共黨外的關係，透過統戰手段「努力團結一切可以團結的力量、調動一切可以調動的積極因素」，來壯大中共的自身力量和聲勢，打擊、縮小並孤立主要敵人。所以毛澤東說：「統戰工作是最大的工作」；習近平也說：「統一戰線無小事」，當知中共對統戰工作的重視。

中共統戰工作對象，以黨外精英分子為主，具體說是下列十二種人：民主黨派人士；無黨派人士；黨外知識份子；少數民族人士；宗教界人士；非公有制經濟人士；新的社會階層人士；出國和歸國留學人員；香港同胞、澳門同胞；臺灣同胞及其在大陸的親屬；華僑、歸僑及僑眷；其他需要聯繫和團結的人員。

「統戰部」歷來就有從事秘密活動和情報蒐集的任務，國共「內戰」期間不少國軍將領即被中共統戰策反倒戈，如張學良、楊虎城、傅作義等人。國府撤臺後，中共對臺統戰工作並未曾鬆懈。中共中央「統戰部」網站公佈的十項職責中，就有三項涉及對臺灣統戰，其中第四項：「負責開展以祖國統一為重點的海外統戰工作；聯繫海外有關社團及代表人士；做好臺胞、臺屬的有關工作」；第六項：「負責聯繫全國工商聯，聯繫港、澳、臺及海外工商社團和代表人士」；和第九項：負責「協調政府各有關部門的統戰工作；代管全國臺聯、黃埔同學會、歐美同學會、和平統一促進會等有關社會團體的工作」（事實上還包括有全國工商聯、中國藏學研究中心和宋慶齡基金會等組織）。

所以「統戰部」的工作並不局限於臺灣，也包括海外統戰工作。在海外統戰的對象主要是僑外華人（當然也包括臺灣政商駐外人員、臺僑、臺生和相關團體等），尤其是有利用價值的海外華人，如策動海外科技人才回國或者利用海外華人為其蒐集情報。西方國家一些情報機構對

「統戰部」在國際的活動都表示擔憂，認為已對當地國家的內政構成了干涉。一本在加拿大出版的《間諜之巢：關於在加拿大境內活動的外國特工的驚人真相》（*Nest of Spies: The Startling Truth about Foreign Agents at Work Within Canada's Borders*）書中，就指控中共「統戰部」在海外從事政治宣傳、對中國留學生的控制、在華人群體（和外國人士）中招募情報人員和長期的隱蔽間諜活動等。

《華盛頓自由燈塔報》網站從一位與「中共情報及安全機構」有聯繫的人士那裡獲得一份長達三頁的中共內部紅頭機密文件顯示，中共中央指示「統戰部」在美國科技領域建立人脈，以蒐集商業祕密及科學技術。重點在美國高新、核心科技領域的技術情報。

從「統戰部」的組織架構就顯示其工作性質和範圍：

政策理論研究室（內設統戰宣傳辦公室）：統一戰線理論的綜合性研究；組織大型調研活動；起草統戰文件、文章；海外統戰宣傳工作。

一局（民主黨派工作局）：聯繫民主黨派，執行黨對民主黨派的工作；完善黨領導的多黨合作制度和對民主黨派的重大問題的調研。

二局（民族、宗教工作局）：少數民族和宗教工作的調研；國外藏胞的工作。

三局（港、澳、臺、海外工作局）：聯繫港、澳、臺和海外有關社團及代表人物；臺胞定居和臺屬工作；海外統戰工作；主管「中華海外聯誼會」工作。

四局（幹部局）：黨外代表人士的政治安排，選拔、培養、考核、推薦黨外人士擔任政府領導職務。

五局（經濟局）：聯繫全國工商聯；對非公有制經濟代表人物的調研、統戰；聯繫港、澳、臺及海外的工商社團和代表人士。

六局（黨外知識份子工作局）：聯繫各界無黨派代表人物；調查黨外知識份子的思想、動態，制定統戰政策。

七局：對西藏的統戰，和民族、宗教的調研工作，聯繫民族、宗教界代表人士和國外藏胞，協調藏學研究工作。

八局：專責新的社會階層人士統戰工作。

機關黨委：領導所屬十個事業單位：《中國統一戰線》雜誌社、《中國西藏》雜誌社、華文出版社、幹部培訓中心、中國光彩事業指導中心、華興經濟諮詢服務中心、機關服務中心、資訊中心、臺灣會館、中國和平統一促進會辦公室等之工作。

「統戰部」在習近平出任總書記後曾爆發重大醜聞，即部長令計劃因受賄和非法獲取國家機密，被判處重刑。令計劃原任中共中央委員兼中央辦公廳主任，於二〇一二年九月，降調接任「統戰部」部長。令計劃落馬的原因，據境外媒體報導有二：

（一）二〇一二年三月十五日，中共中央宣佈「薄熙來同志不再擔任中共重慶市委書記一職」，並予軟禁。十八日凌晨，時仍任中央辦公廳的主任令計劃的兒子令谷，因在北京市駕駛法拉利高級跑車搭載兩名女伴，發生嚴重車禍，令谷當場死亡，兩名女子重傷送醫搶救。有報導稱，車禍後不久，與時任中央政治局常委周永康關係密切的「中石油」高層蔣潔敏，即將數以千萬元的人民幣匯入兩名重傷女子家屬的銀行戶頭，作為封口費。令計劃也在車禍後調動中央辦公廳警衛局警力封鎖現場，因此讓車禍事件變得疑雲重重。尤其是事情發生在薄熙來被免職後兩天，北京安全部隊出現的異常活動，使得軍事政變的傳言，迅速在網路上流傳。中共的官方媒體也稱，令計劃「付出了極大的努力來掩蓋這場車禍」。有一說，車禍是中共十大元帥之一陳毅之孫，在令谷的法拉利剎車系統上動了手腳，導致事故發生。車禍事件震驚中共中央領導層，視為重大醜聞。因此將令計劃調任「統戰部」部長，統戰部長位階低於中央辦公廳主任，實質是降調，邊緣化。

（二）令計劃在中央辦公廳主任任內曾利用

職權，打擊其他中共政治人物，並製造冤案，迫害整垮了政績和口碑頗佳的上海市委前書記陳良宇。據外國媒體說：周永康、薄熙來、徐才厚和令計劃四人組成了「新四人幫」，圖謀透過政變等方式阻撓習近平、李克強在「十八大」接班，或經由人事安排將習近平拉下馬以自己人取代。而這個政治團夥的核心，並不是周永康而是令計劃，若政變陰謀得逞，令計劃將取代習近平出任總書記。但政治陰謀終因「王立軍事件」而破滅。另有消息指同屬團派的國家副主席李源潮為了升任總理與令計劃結盟，企圖以「令李體制」取代「習李體制」。

二○一四年十二月中共中央決定對令計劃立案審查，隨後免去其「統戰部」部長和「政協」副主席職務、政協委員資格，並開除黨籍。二○一六年七月四日，令計劃以受賄（人民幣七千七百多萬元）、非法獲取國家秘密、濫用職權等罪名，被判處無期徒刑，剝奪政治權力終身，沒收個人全部財產（「新四人幫」曾企圖政變，詳情請參閱捌章一節）。

香港媒體稱，中共統戰部過去長期被江派人馬所把持，令計劃接任統戰部兩年期間也建立了一定勢力。因此令計劃落馬後，「統戰部」遭到中共清洗，以清除江派和令計劃在「統戰部」的勢力。二○一六年十月，中共公佈：紀檢組進駐「統戰部」後的一年半中，查處司局級幹部共一○七人，移送司法四人。

「統戰部」現任部長為尤權，於二○一七年中共「十九大」時升任中央書記處書記。尤權是中央書記處七名書記中，唯一的非政治局委員，顯示統戰部長位階的確不高。港媒《明報》也稱，統戰部長的位階本來就不高，直到一九八七年「十三大」時，時任統戰部長的閻明復才進入中央書記處，閻明復在一九九○年被罷官後，雖然曾經短暫由政治局候補委員兼書記處書記丁關根兼任過兩年統戰部長，和令計劃在二○一二年九月出任部長時，曾在九至十一月暫時保留了書記處書記身分外，其他統戰部長都未「入局入處」。二〇一四年底，令計劃因涉貪落馬，孫春蘭成為首位以「政治局」委員兼任的統戰部部長。新任部長尤權僅具中央委員和書記處書記身分，仍未進入「中央政治局」，意味著統戰部長的位階尚難提高，但比過去未能「入處」的部長要強。

尤權，一九五四年出生，河北盧龍人，中國人民大學國民經濟管理系碩士。在李克強任國務院常務副總理期間，尤權為常務副秘書長、負責國務院辦公廳常務工作，是李克強的「大內總管」。二〇一二年十二月，李克強升任總理前，尤權被任命為福建省委書記。「十九大」後習近平啟動新一輪人事調整，派任尤權為「統戰部」的「一把手」。據傳尤權在福建省主政五年，熟悉對臺事務，可能是他被欽點擔任統戰部長的主因，除顯示「習李體制」的穩固外，也證明習近平已確實掌控了「統戰部」。

中國對臺統戰，除「統戰部」外，還有一些部門專門負責貫徹對臺政策的機構，如國務院的臺灣事務辦公室（國臺辦）等。這些部門的工作包括協調兩岸的貿易、交通以及幫助在大陸經商工作的臺商臺幹等。在馬英九總統時期，兩岸政府交流頻繁，中共對臺工作較專注於政、商上層階級。但二〇一四年，臺灣爆發的「太陽花學運」，驚醒中共當局，全面檢討對臺策略，認為與臺灣政、商的交流，並無法取得民心，反而忽略臺灣基層和青年。同年，中共提出「三中一青」（中小企業、中南部、中低收入、青年人）對臺新統戰新策略，開始強化對臺灣基層、年輕人的統戰。

二〇一六年五月臺灣政權再次輪替，中共中斷與民進黨政府的接觸，但加強了對於臺灣基層、民間的統戰。在地方政府層次，積極拉攏非民進黨執政的地方首長。二〇一七年三月在民進黨上臺接近一周年前夕，中共再次調整對臺策略，「政協」主席俞正聲在政協會議開幕時表示：「加強與臺灣基層一線和青年一代交往交流，厚植兩岸關係和平發展民意基礎」。此即所謂「一代一線」（青年一代、基層一線）新統戰策略，取代原「三中一青」政策。

據上海臺灣研究所常務副所長倪永傑解釋，以往的「基層」定義在中小企業、中低收入、中南部以及臺灣青年，現在「基層」的定義更廣，除了中南部，還包括臺澎金馬、各行各業農林漁牧和第一線的基層勞工，都是大陸的工作對象，「政策更接地氣，更貼近臺灣底層民眾的生活」。這顯示中共未來的對臺灣工作將向這兩大群體傾斜。據大陸涉臺人士透露，因民進黨政府不可能對「九二共識」或兩岸非國與國關係表態，中共對臺策略將加大「官民兩分」的「二分法」，對民進黨當局全面封殺；對臺灣民間則全面推進交流，這就是「一代一線」策略提出的目的。

二〇一六、一七年，中共已加強吸引臺灣高中生赴大陸旅遊統戰活動，如舉辦各種「聯誼活動」，包括夏令營、學生「一對一」的「結對」民宿等，並放寬臺灣高中畢業生申請大陸大學之學測成績標準，從「前標」降至「均標」，釋出含統戰性質的利多。「國臺辦」也成立了五十三個海峽兩岸青年就業創業基地和示範點，允許持「臺胞證」就可在民航、鐵路自助購票、開放臺灣研究人員申請「國家」社科基金、住房公債金等等。可想而知中共已全面從青年學（實）習、就（創）業、居留生活等需求各方面，積極對臺灣青年進行統戰。「路透社」記者曾看到「統戰部」內部文件，透露中共統戰目的在挫敗臺灣獨立的可能性。所以中共「一代一線」對臺新策略，不但旨在化解臺灣基層民眾對於中共的「誤解」，還要進一步消除臺灣青年「天然獨」之臺獨思想，最終能支持兩岸的統一。

對臺灣各縣市地方政府，中共採取「區別對待」、「藍綠有別」的策略。對國民黨執政縣市，維持原有統戰作法；對無黨籍的柯文哲執政之臺北市政府，則透過「雙城論壇」，保持彈性交往；但民進黨執政縣市，則採取打壓及排除的力道，並刻意「封殺」民進黨執政的臺中市及桃園市參與在上海舉行的都市交通研討會。

二〇一七年十月中共召開「十九大」，中共對臺政策進入所謂的「新時代」，重點有六：**（一）**把對臺政策列為習近平的「新時代中國特色社會主義思想」十四項基本方略中的戰略目標；**（二）**堅持和平統一與一國兩制的路線方針；**（三）**對民進黨擴大反獨宣示；**（四）**擴大對「一中」的堅持與對國民黨的側面施壓；**（五）**擴大對於台灣民眾讓利與民心爭取，以實現「一國兩制」；**（六）**不對民進黨政府定調，也不關閉與民進黨對話大門。和以往「一國兩制」的不同在於，把台灣問題放到「新時代」國家發展策略中的重要環節。

「十九大」會議上習近平承諾：「將逐步為臺灣同胞在大陸學習、創業、就業、生活提供與大陸同胞同等的待遇」。二〇一八年二月，中共中央政治局常委汪洋在「對臺工作會議」上強調：「未來對臺要堅持『一中原則』和『九二共識』，堅決反對、遏制任何形式的『臺獨』分裂活動」，「積極擴大兩岸經濟文化交流合作，持續深化兩岸經濟社會融合發展」，「推動兩岸民眾共同弘揚中華文化，促進心靈契合。」中共對臺統戰政策顯然已逐步走向給予臺企、臺商、臺胞「準國民待遇」，並提出「共同弘揚中華文化，促進心靈契合」，是針對臺灣近年「去中國化」作為，加強兩岸中華文化的臍帶聯繫。這是汪洋預定於二〇一八年三月接任「政協」主席和「中央對臺工作領導小組」副組長前之熱身動作。

中共為落實習近平在「十九大」提出的對臺工作新論述，「國台辦」於二〇一八年二月二十八日公佈《關於促進兩岸經濟文化交流合作的若干措施》共三十一項惠臺政策，主要內容包含，將給予臺資企業與個人多種與大陸同等的優惠和待遇。以推動兩岸關係發展。值得關注的是中共對臺政策思維之轉變，一是繞過臺灣執政當局，選擇直接面對臺灣民眾。事實上，中共三十一條措施，很多是二〇一四年因「太陽花運動」阻擾，而未能通過簽署的「服貿協議」內容。既然簽署無望，中共乾脆直接採取單邊立法與單邊實施的「以我為主，兩岸融合」的策略，擴大「反獨」與「促統」。二是通過三十一條惠臺政策，給予臺灣民眾「準國民待遇」，試圖削弱大陸人民與臺胞之間的身份差別。此外，中共預定把「臺胞證」的八碼改為十八碼，和大陸公民身分證相同，進一步推動臺胞「同等待遇」的政策。

「國臺辦」的《惠台三十一條》措施，被認為比較集中在台商與到大陸就學的臺青上，對大部分臺胞較無直接影響。因此，中共正摸索兩岸城市交流的新做法，在二〇一八年臺灣地方選舉後，繞過藍綠政黨，將類似「雙城論壇」作法，以點對點的城市交流為基礎，在兩岸遍地開花，讓不到大陸就業就學的臺胞也能感受到大陸惠臺的力度，以此強化與認同「兩岸一家」的縣市長推進民生文化交流，讓三十一條措施於大陸各地方落實時，能擴充到臺商以外的群體。

新一屆中共「中央對臺工作領導小組」，除組長習近平不變外，副組長由政協主席汪洋接任。其他成員包括中紀委書記趙樂際、中宣部長黃坤明、政治局委員楊潔篪（曾任外交部長）、統戰部長尤權，軍委副主席許其亮、外交部長的王毅、新任國臺辦主任劉結一、商務部長鍾山、國安部長陳文清。再加上一位解放軍將領（主管情報的副總參謀長），秘書長則由王毅兼任。這是中共中央「對臺工作領導小組」自成立以來，最「知臺」、最「知美」的一屆。

習近平、汪洋、尤權，都曾在福建或廣東主政，王毅在擔任外長前，做過五年「國臺辦」主任，熟悉對臺事務，都是「知臺派」。汪洋是目前中共「中美全面經濟戰略對話」負責人，楊潔篪和王毅長期主掌中共外交工作，對中美臺三邊關係知之甚詳，都屬於「知美派」。王毅更是跨足「知臺」、「知美」兩領域，今後將在中共對臺工作決策中，產生重大影響力。

二〇一八年三月二十四日國務院公布《關於機構設置的通知》，將「國務院臺灣事務辦公室」（國臺辦）與「中共中央臺灣工作辦公室」（中臺辦）合併為「一個機構、兩塊牌子」，同屬中共中央直屬機構。新任「中臺辦」、「國臺辦」主任由劉結一接任。國務院強調機構改革，是為「加強黨的全面領導」、「推進黨的國家機構職能優化和高效」。《BBC中文網》稱：改革是將黨政合一，強化黨中央的權力。旅美學者喬木和歷史學者章立凡認為國務院機構改革是走「黨政合一」的回頭路，八〇年代，鄧小平曾高舉「黨政分開」，一九八七年，時任總書記的趙紫陽也提出政治體制改革關鍵在「黨政職能分開」。中共執意以黨的意志領導、罔顧專業，不利於「政府」施政，行政職能將進一步被削弱。香港《明報》社評認為：機構改革是徹底實行「以黨代政」，由中共包攬權力。將黨置於絕對的領導地位，監督施政的機制根本難以發揮效用。

中共《深化黨和國家機構改革方案》已將國務院的「僑務辦公室」和「國家宗教事務局」撥交「統戰部」負責「統一管理」。原「僑辦」黨組書記、副主任許又聲升任主任，和「宗教局」局長王作安仍兼原職，二人同時都出任「統戰部」副部長，兩單位的領導班子都轉往「統戰部」任職。「統戰部」的權力因而擴大到「華僑」和「宗教」界，徹底實現「以黨代政」，由黨包攬權力，將中共置於絕對的領導地位。二〇一八年「統戰部」的領導階層，包括部長尤權，副部長巴特爾、張裔炯、許又聲、徐樂江、蘇波、王作安、冉萬祥、譚天星（原國務院僑辦副主任）、戴均良等十人。

08
設國家安全委員會
訂頒新國安法確保以黨領情

一、兼國安委主席　習近平掌控黨政軍情治大權

習近平於二〇一二年十一月十五日上任中共總書記後，環視黨政軍重要幹部，大多是前總書記江澤民所提拔，效忠於江的人。特別是在外交、國安、公安、武警、司法和共軍總參、總政等部門，被江派核心曾慶紅、周永康、徐才厚等一干人馬掌握。不但使前總書記胡錦濤在任內，有被架空和政令難出中南海的感覺。習近平上任初期，也同樣陷入與胡錦濤相似的困境。習近平在二〇一七年十月接受美國記者訪問時證實：「說政不出中南海是太誇張了，但許多政策難以落實，或在落實時走樣是事實。」

胡錦濤執政時期，武警部隊長期由周永康兼任第一政委，因此被外界戲稱為「江家軍」。同時，由於武警部隊受中央軍委和國務院雙重領導，地方政府對武警部隊有指揮、調動的權力，地方政府因而以「維穩」名義濫權調動武警部隊的現象，司空見慣。「王立軍事件」中，薄熙來就曾擅自動用武警部隊包圍美國駐成都總領事館，造成國際笑話。

在「王立軍事件」後，海內外盛傳二〇一二年三月十九日，北京曾爆發「三一九政變」。據香港《前哨》雜誌說，政變「來自與中央政治局非常接近的消息來源，並非空穴來風」。目擊者說：「天安門廣場和府右街上有大批士兵和裝甲運兵車，長安街軍車如林，機場布控，槍聲響起」。北京居民當時也用手機短訊傳遞軍隊進入市中心的消息，「微博」上同時出現很多有關消息。

不過「政變」內容卻有兩種不同版本：

第一種：薄熙來被免職後，其背後大「金主」富商徐明（大連實德集團總裁，因攀附上薄熙來，事業得以迅速擴張。他也回報，為薄家買別墅、豪車，支付薄子瓜瓜赴英美留學的高額學費和奢華生活費用等等。二〇一三年被判刑，二〇一五年十二月，病死獄中）於二〇一二年三月十五日被周永康的人馬帶走，國務院總理溫家寶指示「中紀委」儘快設法把徐明掌握到手中。因周永康與徐明關係密切，徐明如被「中紀委」接走，對其不利。周永康於是在十九日晚調派武警入京戒備，防止徐明被搶走。周永康並藉口「防止民變」，同時調動武警包圍了新華門和天安門。總書記胡錦濤得知中南海突然被武警包圍起來，緊急調動三十八軍火速進京，包圍白馬寺附近的中央「政法委」大樓，並將武警繳械。

第二種：綜合《前哨》雜誌和其他消息的報導：二〇一二年二月六日前重慶市副市長王立軍攜帶絕密材料逃入成都美國總領事館後，重慶市委書記薄熙來隨即成為中共中央眾矢之的。中旬，時任國家副主席的習近平赴美訪問，美國副總統拜登出示王立軍交出的有關薄熙來、周永康計劃發動政變鐵證。習近平返回北京後據實向胡錦濤報告，隨後又發生薄妻谷開來涉嫌殺害英國商人海伍德案（二〇一一年十一月十五日英商海伍德被發現死於重慶南山麗景度假酒店，官方稱死因為「飲酒過量」，未經屍檢即予火化。因谷開來曾告知兼任重慶市公安局長的王立軍有關毒殺海伍德的事實，二〇一二年一月王據實向薄熙來反映，遭到薄掌摑，並免去其公安局長職務。王立軍恐遭滅口向美國領事館申請庇護，次日王被「國安部」接到北京後，海伍德案被重新調查，證實是谷開來教唆勤務人員張曉軍灌毒謀殺。後谷開來被判處死緩，張曉軍判刑九年），和三月十五日周永康在中央政治局會議上抵制罷黜薄熙來重慶市委書記職務等事件。引起胡錦濤高度警惕，立即在當天免去薄熙來市委書記職位，並拘捕軟禁。同日又指派親信許林平少將接長京畿三十八軍軍長（原軍長王西欣調國防大學副校長）；三月十八日，中央辦公廳主任令計劃因其子令谷在北京發生嚴重車禍死亡，調動中央警衛局的武裝力量封鎖現場。胡錦濤驚覺情勢不對，於三月十九日夜，令許林平調遣三十八軍部隊進入北京，與武警在中央「政法委」大樓對峙。士兵高喊：「我們是胡主席派來控制政變基地、抓捕政變領導人的！」武警回應：「如果你們攻擊國家部委重地，你們就是叛軍！」並對空開槍示警，但武警部隊不敵正規軍隊，迅即被繳械制服。三十八軍衝進「政法委」大樓，周永康已不知去向。

當晚，胡錦濤接到江澤民的電話說：「我想告訴你，周永康是個具有自我犧牲黨性的好同志，他沒有政變的動機，所以不要輕信國外和國內敵對勢力的謠言」，「必須停止對薄熙來同黨的清除行動，繼續這樣做的話，對國家、對我們所有人都沒有好處。根據今晚的事件，我會說周永康同志表現很克制，把握了大局」。胡、溫、習擔心與江派的衝突加劇，造成嚴重後果，決定與江派妥協，並在後續二十四小時內，通過官方媒體向外界「展現」中共中央團結一致的假像。

二〇一二年二月，習近平以國家副主席身分訪美，美國副總統拜登的確曾告知他，在王立軍交給美國的材料中，有江澤民、周永康、曾慶紅和薄熙來等人密謀發動針對他的政變奪權的計畫，而且已開始實施。美國媒體《華盛頓自由燈塔》也證實，王立軍交給美領館的材料中有關於薄熙來、周永康聯手圖謀發動政變、最終廢掉即將在中共「十八大」接班的習近平之計畫。習近平回國後，中共在召開「兩會」結束後當天的三月十五日，胡錦濤立即免去薄熙來重慶市委書記職務，並予軟禁。

在中共即將召開「十八大」更換領導班子之前兩個月，即二〇一二年九月，習近平曾離奇「消失」十二天，並取消預定會見美國國務卿希拉蕊、新加坡總理李顯龍等多國政要的行程，引發各界揣測，中共官方亦不予正面回應。據香港媒體稱：因胡錦濤接獲密報，有人計劃暗殺習近平，緊急通知習近平，令其閉門不出，調派北京衛戍區特警加強保衛，並成立專案組調查。隨後，胡錦濤在政治局常委擴大會議上，指責黨內有「野心家、陰謀家」策劃暗殺習近平以及阻止習近平接班等「政治事件」，而且內鬼就在黨內、軍內。胡錦濤所說的「政治事件」，包括：有人唆使中央委員、原福建省、浙江省黨政幹部聯署上書，反映習近平「無能」，「主政福建、浙江、上海時留下一灘水」，與中共中央書記處其他書記關係緊張等；郭伯雄和徐才厚則串聯二十八位將領「挽留」胡錦濤在「十八大」後續任軍委主席等。胡錦濤懷疑是周永康、徐才厚、郭伯雄等密謀策劃暗殺事件，和阻止習近平接班。

由於江派控制所有軍事、情報和治安系統，並發動政變企圖奪取政權的陰謀，令胡錦濤，習近平二人如坐針氈，決心反擊。胡錦濤在任期最後一年的二〇一二年三月開始行動：當月即免去薄熙來重慶市委書記職務（九月開除黨籍，二〇一三年九月判處無期徒刑）；九月，免去令計劃中辦主任職務（降調「統戰部」部長，二〇一四年十二月再被免去統戰部長職務，一五年開除黨籍，一六年七月判處無期徒刑）；十一月中共召開「十八大」，卸除周永康中央政治局常委和政法委書記（二〇一四年開除黨籍，一五年六月判處無期徒刑），和郭伯雄、徐才厚二人軍委副主席等職務（徐才厚於二〇一四年開除黨、軍藉，一五年三月因膀胱癌病逝，臨終前交代了相關陰謀和政變策劃內容，他因死亡不予起訴；郭伯雄於二〇一五年七月開除黨籍，一六年判處無期徒刑，褫奪軍籍）。習近平上任總書記後，除分別清洗軍委（含軍情）、國安、公安（含國保）、武警部隊人事外，並持續清查薄熙來、周永康、令計劃、徐才厚和郭伯雄等人之貪腐證據，並在他手上開除該等黨籍（僅薄熙來是胡錦濤開除）、軍籍（徐、郭二人），均判處重刑（徐才厚死亡不起訴），徹底取得黨內政治鬥爭勝利。

《明鏡新聞》集團執行長何頻曾引述中共

黨史研究者和政界人士的話說：「周、令、薄、徐『新四人幫』，是中共一九四九年建政以來真正的朋黨政變集團。習近平掀起的反貪運動，針對的對象就是這起政變案。『新四人幫』是因政變流產才會一一落馬，而令計劃是該集團密謀推出的『未來總書記』備位人選。中共不一定會將『新四人幫』的政變真相公布出來，而是會從刑事上去找死穴，其中貪腐是最容易找的，因為幾乎每個官員身上都能找到」。淡江大學中國大陸研究所教授張五岳也指出：習近平打著反貪肅腐調查的工具名目來鞏固權力，一一整頓「新四人幫」的不同派系和勢力。

習近平自上任後，為與江派鬥爭，即有整頓國安、公安和軍隊情報系統的「九龍治水」、「針插不進」的想法，當時已有消息傳出習近平將建立「國家安全委員會」，統籌管理情治和軍情系統。但因清除黨內野心家，和改革軍隊，收回軍權等工作急迫在眉睫，因而擱置。二〇一三年十一月，習近平的地位漸趨鞏固後，即透過十八屆三中全會通過「設立國家安全委員會」決議，表面說法是為「完善國家安全體制和國家安全戰略，確保國家安全」，實質是習近平要打破原來的權力架構，奪取國安權力。

習近平要成立「國家安全委員會」有個最好理由，就是早在前總書記江澤民執政時，一九九七年便有仿效美國組建「國家安全委員會」的想法，因未能實現，退而求其次，在二千年時成立了「中央國家安全工作領導小組」，與「中央外事工作領導小組」（一九八一年成立）合署辦公，形成兩塊牌子，一套機構。但因成員都為具有外交工作背景的幹部，以外交人員主導國安工作，在面對綜合性的安全威脅，難以結合國防、國安、公安等力量，發揮統合戰力。而且各個安全部門又「各自為戰」，力量分散，當時已認為需要一個強有力的黨內機構，統籌國家安全工作的協調和決策。習近平順勢而為，於二〇一二年即強調要統籌國際國內兩個大局，整合對內對外事務，拋出成立「國安委」之提議。

二〇一四年一月二十四日，中共中央政治局會議通過設置「中央國家安全委員會」（簡稱「國安委」，National Sercurity Commission of the Communist Party of China），由習近平任主席，中央政治局常委李克強（國務院總理）、張德江（人大委員長、中央港澳工作協調小組長）任副主席，下設常務委員和委員各若干。至此，習近平已集國家主席、中共中央總書記、中央（含國家）軍委主席、「全面深化改革領導小組」組長及「國安委」主席等五大權力於一身（其他兼職還有中央「網絡安全和信息化」、「軍委深化國防和軍隊改革」、「財經」、「對臺工作」、「外事工作」等五個領導小組組長）。

「國家安全委員會」成員單位有國防部、外交部、公安部、國安部、武警部隊、國家發展和改革委員會、商務部、交通運輸部、衛生部、民政部、統戰部、中國人民銀行、外宣辦、國務院新聞辦公室、總參謀部（情報部、技偵部）、總政治部（聯絡部）。「國安委」成立時，「軍改」尚未完成，故「軍委」所屬「總參」、「總政」仍未改組。

中共中央規定「國家安全委員會」作為「中央關於國家安全工作的決策和議事協調機構，向中央政治局、中央政治局常務委員會負責，統籌協調涉及國家安全的重大事項和重要工作，統一領導公安部、國安部、解放軍總參二部三部、總政聯絡部、外交部、外宣辦等部門對外和對內的國家安全工作」。媒體認為中共「國安委」的權力大過美國政府的國安委，對於張德江出任「國安委」副主席，並將國務院「港澳事務辦公室」納入「國安委」內，懷疑中共將以維護國家安全為名，全面插手港澳內部事務，「一國兩制」下的港、澳特區的高度自治亦將不保。但另有一種解讀：張德江出任副主席，需要全國「人大」配合「國安委」進行相關立法，尤其是「緊急立法」。二〇一八年三月栗戰書接任「人大」委員長，同時接任「國安委」副主席。

同年四月十五日，「國安委」舉行第一次會議，習近平在會上講話的重點有：

（一）「決定成立國家安全委員會，是推進國家治理體系和治理能力現代化、實現國家長治久安的迫切要求，是全面建成小康社會、實現中華民族偉大復興中國夢的重要保障，目的就是更好適應我國國家安全面臨的新形勢新任務，建立集中統一、高效權威的國家安全體制，加強對國家安全工作的領導」。

（二）「國家安全委員」的「主要職責則是制定、實施國家安全戰略，推進國家法制建設，制定國家安全工作方針政策，以及研究解決國家安全工作中的重大問題」，「我們黨要鞏固執政地位，要團結帶領人民堅持和發展中國特色社會主義，保證國家安全是頭等大事」。

（三）「當前我國國家安全內涵和外延比歷史上任何時候都要豐富，時空領域比歷史上任何時候都要寬廣，內外因素比歷史上任何時候都要複雜，必須堅持總體國家安全觀，以人民安全為宗旨，以政治安全為根本，以經濟安全為基礎，以軍事、文化、社會安全為保障，以促進國際安全為依託，走出一條中國特色國家安全道路」。

（四）總結「總體國家安全觀」為：「既重視外部安全，又重視內部安全；既重視國土安全，又重視國民安全；既重視傳統安全，又重視非傳統安全；既重視發展問題，又重視安全問題；既重視自身安全，又重視共同安全。」提到非傳統安全時，習近平指出，「要構建集政治安全、國土安全、軍事安全、經濟安全、文化安全、社會安全、科技安全、資訊安全、生態安全、資源安全、核安全等於一體的國家安全體系」。此即習近平的「中國特色國家安全道路、總體國家安全觀、十一種安全」之概念。

習近平講話中說：中共目前處於「內外因素比歷史上任何時候都要複雜」的時期，「必須堅持總體國家安全觀」。習近平沒有具體說出他所面臨的複雜環境，但他在二〇一七年十月被美國記者問到：他「一上臺就掀起反腐運動，是為鞏固地位嗎？」和「你反腐運動實質是權力鬥爭，對嗎？」他回答說：「當時中國的腐敗，已經由發展型腐敗惡化為掠奪型腐敗和壟斷型腐敗」，「腐敗問題越演越烈，最終必然會亡黨亡國！」「反腐當然是權力鬥爭。對手很多是權重一時，或權傾一方的官員，不同他們的權力鬥爭，不把他們的權力拿掉，他們能乖乖伏法嗎？」「我不擴點權、集點權，能同他們鬥嗎？」「有棵大樹兩臂都圍不過來。你能一下把它連根拔嗎？我不是超人。只能把根一根根砍斷，根全斷了，樹一推就倒了。」這顯然就是他所面臨的「複雜環境」，正如《明鏡新聞》集團執行長何頻所說：「習近平掀起的反貪運動，針對的對象就是這起（三一九）政變案」，事實上已更進一步，劍指江澤民了。

但這次會議在中共中央電視臺「新聞聯播」中播出時，螢幕上只出現文字，報導習近平主持了「國安委」會議並發表講話，而沒有畫面，最後僅提到「中央國家安全委員會常務委員、委員出席」，「中央和國家有關部門負責人員列席會議」。此前，中共中央「深改組」和「網信組」在舉行第一次會議時，「央視」都播出了會議畫面，供外界瞭解這兩機構的基本人員架構。媒體稱：因江派的阻撓，「國安委」第一次會議，官方沒有公布委員會的成員名單。爾後中共也幾乎沒有「國安委」新聞的公開報導，外界無法獲知其成員為誰。

其後，中共中央政治局在二〇一五年一月通過的《國家安全戰略綱要》，也未公布內容，顯見江派阻撓勢力仍在。最後媒體根據中共報導片紙隻字歸納，《綱要》重點有三點：（一）堅持中國共產黨對國家安全工作的絕對領導；（二）堅持集中統一，高效權威的國家安全工作領導體制；（三）打造高素質的國安隊伍。

時隔近三年，直到二〇一七年二月十七日，習近平召開「國家安全工作座談會」，「央視」的「新聞聯播」再次播出之「座談會」新聞，不但長達五分多鐘，而且「國安委」的成員也全體首度亮相。與會的中共中央高層二十人中，有中央政治局委員十二名（接近政治局二十五名委員的半數），包括：習近平、李克強、張德江、王滬寧（中央政策研究室主任）、劉奇葆（中宣部長）、孫政才（重慶市委書記）、范長龍（軍委副主席）、孟建柱（政法委書記）、胡春華（廣東省委書記）、栗戰書（中央辦公廳主任）、郭金龍（北京市委書記）、韓正（上海市委書記）；八位委員為：楊晶（中央外事工作領導小組和中央對台工作領導小組秘書長）、郭聲琨（公安部長）、房峰輝（軍委聯合參謀部參謀長）、張陽（軍委政治工作部主任）、楊潔篪（國務委員）、周小川（人民銀行行長）、趙克石（軍委後勤保障部長）、張又俠（軍委裝備發展部長）。但這份名單獨缺「國安部」部長陳文清，是否與「國安部」之整頓有關，仍須拭目以待。

「國安委」的二十位委員中包括北京、上海、廣東、重慶等四地的省市委書記，顯示國家安全在這四個省市工作中的分量。其他十六名委員則分別在政策研究、宣傳、政法、書記處、國務院、外交、央行、軍委等領域任職。「國安委」還設置一個日常辦事機構，稱為「國安委辦公廳」，由栗戰書兼任主任；副主任由曾在福建和浙江兩地跟隨習近平有二十年的浙江組織部部長蔡奇調任。蔡奇後於二〇一七年五月調任北京市委書記，勢將接替前任郭金龍國安委員職位。二〇一八年六月媒體報導「國安部」部長陳文清已接任「國安委辦公廳」常務副主任，「分管日常工作」。表示「國安部」是「國安委」業務承辦單位。

在「國安委」成員公開露面後僅數月，人事即出現大變動，截至二〇一八年三月止異動情況如次：

（一）上海市委書記韓正、廣東省委書記胡春華二人擢升為「國務院」副總理，另由江蘇省委書記李強接任上海市委書記，遼寧省委書記李希接任廣東省委書記。香港《星島日報》稱：

李強、李希都是中央政治局委員，也是習近平嫡系。因此，韓正、胡春華二人的「國安委」委員職務，如無其他考量，應由李強、李希接替。

（二）軍委副主席范長龍已在「十九大」屆齡離退（二〇一八年一月傳出因涉貪遭查，但遭中共否認），所遺「國安委員」職務，可能由另一副主席許其亮，或由新升任軍委副主席之前「裝備發展部」部長張又俠接任。但張又俠原即「國安委員」，如許其亮也未接任委員，可能由新任「裝備發展部」部長李尚福接任。

（三）重慶市委書記孫正才、軍委聯合參謀部參謀長房峰輝、軍委政治工作部主任張陽三人，都因嚴重違紀落馬，也必須退出「國安委」。孫政才於二〇一七年七月十五日被撤職（九月，被開除黨籍和公職，二〇一八年四月坦承收賄人民幣一・七億元，判無期徒刑）；張陽則畏罪於二〇一七年十一月二十三日自殺死亡。三人之「國安委員」應由新任重慶市委書記陳爾敏、軍委聯合參謀部參謀長李作成、政治工作部主任苗華分別接任。

（四）原中央「政法委」書記孟建柱在二〇一七年十月「十九大」時交卸職務，由公安部長郭聲琨出任書記，頂替孟建柱之「國安委員」，繼任公安部長之趙克志，也接任「國安委」委員。中宣部長由新任部長黃坤明出任國安委員。

（五）二〇一八年三月，中共人事調整，「中辦」主任栗戰書出任「人大」委員長，接替張德江的「國安委」副主席。新任「中辦」主任丁薛祥接任「國安委員」和「國安委」辦公廳主任。中共外交部前部長助理劉海星接任「國安委」辦公室副主任。

由於武警部隊已成為「江家軍」，和捲入「三一九政變」陰謀，顯示武警不受中央節制。所以習近平自上臺後，即有改革武警體制決心，並對武警人事進行了大規模的清洗。繼二〇一四年完成「國安委」的組建，確實掌握了情治大權，和二〇一六年推動軍委（含部隊）改革後，武警部隊的改革也拉開帷幕。二〇一六年元旦，中央軍委公布《關於深化國防和軍隊改革的意見》中指出：將對武警部隊指揮管理體制和力量結構層面進行改革，並遵循「軍是軍、警是警、民是民」的原則，「加強中央軍委對武裝力量的集中統一領導」。同年八月二十五日，武警司令王建平上將（兼軍委聯合參謀部副參謀長，為周永康的親信）即被軍事檢察院特警逮捕調查。

二〇一七年十月中共「十九大」會議召開，確立「習核心」的領導地位後，武警部隊的改革已箭在弦上，即於二〇一八年一月一日，將武警部隊撥歸中央軍委建制，脫離國務院序列，公安和地方對武警亦不再有任何指揮權，改「由黨中央、中央軍委集中統一領導，實行中央軍委—武警部隊—部隊領導指揮體制」。元旦當日的天安門廣場升旗儀式，即由三軍儀仗隊取代原武警天安門國旗護衛隊執行。

《人民日報》稱：「以習近平同志為核心的黨中央對武警部隊高度重視，著眼實現中國夢、強軍夢，從政治和全域的高度統籌謀劃、部署推進武警部隊建設改革」，這是「確保黨對武警部隊絕對領導的重大政治決定」，「領導指揮體制調整後，武警部隊根本職能屬性沒有發生變化，不列入人民解放軍序列。」外界地認為，習近平藉「軍改」之名，把江派色彩濃厚的武警部隊徹底收編軍方，避免再度發生類似二〇一二年「三一九武警政變」之事件，同時也剝奪了地方諸侯對武警的控制權。

習近平至此，已完全集黨政軍和情治大權於一身，地位超越四位前總書記胡耀邦、趙紫陽、江澤民和胡錦濤，成為繼毛澤東、鄧小平之後，權力最大、最集中的中共領導人。

二、制頒新國安法　賦予國安委以黨領情之法源

早在一九九三年二月中共已頒布一部《國家安全法》，作為國家安全機關的職權和反間諜工作之法源。當時《國安法》中所謂「國家安全」，實質上指的是「反間諜工作」偵查，而不是真正意義上的「國家安全」，是一部名不符實

的法律。二〇一三年三月，「人大」十二屆一次會議即指出：「現行《國家安全法》過於原則性，部分規定滯後於國家安全形勢發展的變化，已難適應全面維護各領域國家安全的需要，因此建議修法，有效地應對危害國家安全的行為」。

這項建議，實際是為了配合中共即將在同年十一月通過成立的「國安委」，預作建立法源準備，因此必須廢除原有《國家安全法》，另立新法，作為即將成立之「國安委」執法依據。二〇一四年一月「國安委」組建後，「人大」常委會即於同年十一月宣佈廢除原有《國家安全法》，並頒布《反間諜法》取代原法。二〇一五年七月一日，「人大」正式通過新的《國家安全法》，習近平以國家主席身分隨即頒布實施。

新頒《國家安全法》，將「國家安全」的定義為：「是指國家政權、主權、統一和領土完整、人民福祉、經濟社會可持續發展和國家其他重大利益相對處於沒有危險和不受內外威脅的狀態，以及保障持續安全狀態的能力」。新法的「國家安全」範圍比較舊法除了原有的防範和懲治叛國、分裂國家、顛覆政權和洩露國家機密等罪行外，還擴張到包括經濟金融、糧食安全、網路資訊等領域。

新頒《國家安全法》計有七章八十四條。中共官媒稱：該法對「維護國家安全的任務與職責，國家安全制度，國家安全保障，公民、組織的義務和權利等方面進行了規定」，對「十一個領域的國家安全任務有了較明確的規範」。新法還涉及到「維護國家網路空間主權」、「保護國家的海外利益不受威脅和侵害」、「依法懲治民族分裂活動」、「防範和抵禦不良文化的滲透」等，將當前中共遭受的各類「國家安全」威脅，統統納入「國安」範疇。

《國安法》第四條規定：「堅持中國共產黨對國家安全工作的領導，建立集中統一，高效權威的國家安全領導體系」，第十五條：「國家堅持中國共產黨的領導，維護中國特色的社會主義制度」，表明中共堅持『以黨領政（軍）」、

「以黨領情」之「一黨獨裁」的政治格局；第五條：「中央國家安全領導機構負責國家安全工作的決策和議事協調」，「統籌協調國家安全重大事項和重要工作」，正式賦予了中共中央「國家安全委員會」之法源基礎、位階與權責。

中共在二〇一三年十一月三中全會通過成立「中央國安委」時，表明「國安委」隸屬「中共中央委員會」，並不屬於國家（政府部門）機關，但能夠獲得「人大」通過的《國安法》的法源，進一步鞏固黨對軍情、國安、公安領導的合法地位。《國安法》規定：「（中央軍委會）統一指揮維護國家安全的軍事行動，制定涉及國家安全的軍事法規」（第三十八條）；「中央國家機關各部門按照職責分工，貫徹國家安全方針政策和法律法規」（第三十九條）。

《國安法》第十一條：「維護國家主權、統一和領土完整，是包括港澳同胞和臺灣同胞在內的全中國人民共同義務」。該法雖然長達數千字，有關臺灣部分卻只有五十餘字，說明臺灣議題並不是《國安法》的重點，但將臺灣地位等同於港澳，忽視中華民國存在的事實，堅持把臺灣視為地方政權，存在爭議。其次，港澳在上一個世紀已經「回歸祖國」，還需要「維護國家主權、統一和領土完整」嗎？當然是針對「港獨」、「澳獨」（澳門本無獨立運動，是中共官媒《環球時報》硬栽給當地異議團體「學社前進」的帽子）而言，又為何未包括「新疆、西藏」同胞呢？顯示中共仍未認同港澳「同胞」為中國「公民」，和對港澳「同胞」的不信任。

新法意猶未盡，又在第四十條補充規定「香港特別行政區、澳門特別行政區應當履行維護國家安全的責任」。但按照《香港基本法》、《澳門基本法》第二十三條已規定：「特別行政區應自行立法禁止任何叛國、分裂國家、煽動叛亂、顛覆中央人民政府及竊取國家機密的行為，禁止外國的政治性組織或團體在港澳特別行政區進行政治活動，禁止港澳特別行政區的政治性組織或團體與外國的政治性組織或團體建立聯繫。」

新法看似多此一舉，實則說明中共對港澳特區政府未能消彌「港獨」、「澳獨」和未能制止境外政治勢力介入港澳事務，以及境外間諜自港澳滲透入境之不滿，表明中共有干預港澳治理的權力，此舉勢將構成對港澳「一國兩制」的威脅和破壞。

此外，新法第二十五條規定「加強網路管理，防範、制止和依法懲治……網路違法犯罪行為」，外界認為是強化意識形態控制，壓制不同政見。一些在中國的外國企業和外交人士則感到新《國家安全法》涉及範圍太廣，擔心有關網路資訊的法律可能給他們在中國的經營造成困擾。

《國安法》涉及到中共情報和「反間諜」工作的法條，有第五十二條：「國家安全機關、公安機關、有關軍事機關根據職責分工，依法搜集涉及國家安全的情報資訊。國家機關各部門在履行職責過程中，對於獲取的涉及國家安全的有關資訊應當及時上報。」和第七十七條規定「（公民和組織應當履行）向國家安全機關、公安機關和有關軍事機關提供必要的支援和協助」、「任何個人 和組織不得有危害國家安全的行為，不得向危害國家安全的個人或組織提供任何資助或協助」。這兩條法規，在二〇一四年頒布的《反間諜法》中已規定在內。

三、制訂反間諜法　取代原國安法擴張執法權力

「國安委」成立後，「國安部」於二〇一四年上半年提出《反間諜法（草案）》取代原《國家安全法》，送國務院常務會議討論通過後，送「人大」常委會議審查。稍後時任「國安部」部長之耿惠昌曾赴「人大」常委會八月二十五日的會議上，報告修訂《國家安全法》的說明。他說：「根據中央關於總體國家安全觀（即習近平四月十五日的指示）的要求，國務院以現行《國家安全法》為基礎，總結反間諜工作的實踐經驗，起草《反間諜法（草案）》」。

二〇一四年十一月一日，「人大」十二屆常務委員會十一次會議，正式通過《中華人民共和

國反間諜法》（簡稱《反間諜法》），將原《國安法》具體之反間諜工作內容予以正名為《反間諜法》，同日，習近平以國家主席身分簽發第十六號令公布，即日起施行。

《反間諜法》共計五章四十條，第一章總則與原《草案》中的文字，作了一些修改。主要是刪除原文中黨的領導與意識形態色彩，似有意彰顯該法是「依法治理」的法治精神。如第一條：將原文「打擊間諜行為」改為「懲治間諜行為」，和刪除原稿中「保衛中華人民共和國人民民主專政的政權和社會主義制度，保障改革開放和社會主義現代化建設的順利進行」，修改為「為了防範、制止和懲治間諜行為，維護國家安全，根據憲法，制定本法」；第二條：將原文中反間諜工作「堅持中國共產黨的領導」修訂為「堅持中央統一領導」。後者的修訂是將黨的權力集中移轉至「中央」。

何謂「中央」，依據「十九大」通過《中國共產黨章程（修正案）》所增加的「以習近平新時代中國特色社會主義思想作為黨的指導思想」，和「堅定維護以習近平同志為核心的黨中央權威和集中統一領導」。以及《人民日報》社論《引領新時代的堅強領導核心》聲稱的「堅決維護以習近平同志為核心的黨中央權威和集中統一領導，堅決維護習近平總書記黨中央的核心、全黨的核心地位，才能凝聚中央委員會、中央政治局成員的智慧」。當可瞭解「中央」的權力已集中在一人身上。

《反間諜法》第一章規定「國家安全機關是反間諜工作的主管機關。公安、保密行政管理等其他有關部門和軍隊有關部門按照職責分工，密切配合」。「反間諜工作」適用的對象為「境外機構、組織、個人實施或者指使、資助他人實施的，或者境內組織、個人與境外機構、組織、個人相勾結實施的危害中華人民共和國國家安全的間諜行為，都必須受到法律追究。」

第二章為「國家安全機關在反間諜工作中的職權」。規定：反間諜工作人員可「依法行使偵查、拘留、預審和執行逮捕以及法律規定的其他職權」（第八條）；「有權查驗中國公民或者境外人員的身分證明；向有關組織和人員調查、詢問有關情況」（第九條）；「可以進入限制進入的有關地區、場所、單位；查閱或者調取有關的檔案、資料、物品」（第十條）；「緊急任務的情況下，可以優先乘坐公共交通工具，遇交通阻礙時，優先通行；可以優先使用或者依法徵用機關、團體、企業事業組織和個人的交通工具、通信工具、場地和建築物，必要時，可以設置相關工作場所和設備、設施」（第十一條）；「可以採取技術偵查措施」（第十二條）；「查驗有關組織和個人的電子通信工具、器材等設備、設施」（第十三條）；「對用於間諜行為有關的工具和其他財物，以及用於資助間諜行為的資金、場所、物資，可以依法查封、扣押、凍結」（第十五條）

第三章為「公民和組織的義務和權利」。重點有「公民和組織發現間諜行為，應當及時向國家安全機關報告；向公安機關等其他國家機關、組織報告的，相關國家機關、組織應當立即移送國家安全機關處理」（第二十一條）；「國家安全機關調查間諜行為、蒐集證據時，應當如實提供，不得拒絕」（第二十二條）；「對國家安全機關及其工作人員超越、濫用職權和違法行為，有權提出檢舉、控告。依法檢舉、控告的個人和組織，任何個人和組織不得壓制和打擊報復」（第二十六條）。

第四章為「法律責任」。規定「間諜行為，構成犯罪者，依法追究刑事責任」，「有自首或者立功表現的」、「有悔改表現的」，可以從寬處理，或獎勵（第二十七、二十八條）；拒絕配合調查間諜犯罪行為、阻礙執法任務、洩露反間諜工作秘密者，可處行政拘留，或依法追究刑責（第二十九、三十、三十一條）；「非法持有屬於國家秘密的檔、資料和其他物品的」，「非法持有、使用專用間諜器材的」、「涉案財物」，可進行搜查、追回、沒收，給予以行政拘留，或依法追究刑事責任。境外人員可限期離境或驅逐出境（第三十二、三、四條）。「安全機關工作人員濫用職權、怠忽職守、徇私舞弊」，「非法拘禁、刑訊逼供、暴力取證」、「洩露國家秘密」，構成犯罪的，追究刑責（第三十七條）。

第五章：「附則」。重點在規範所謂「間諜行為」（第三十八條）是：

（一）間諜組織及其代理人實施或者指使、資助他人實施，或者境內外機構、組織、個人與其相勾結實施的危害國家安全的活動。

（二）參加間諜組織或者接受間諜組織及其代理人的任務的。

（三）間諜組織及其代理人以外的其他境外機構、組織、個人實施或者指使、資助他人實施，或者境內機構、組織、個人與其相勾結實施的竊取、刺探、收買或者非法提供國家秘密或者情報，或者策動、引誘、收買國家工作人員叛變的活動。

（四）為敵人指示攻擊目標的。

（五）進行其他間諜活動的。

中共原《國安法》第四條規定「所稱危害國家安全的行為：（一）陰謀顛覆政府，分裂國家，推翻社會主義制度的；（二）參加間諜組織或者接受間諜組織及其代理人的任務的；（三）竊取、刺探、收買、非法提供國家秘密的；**（四）**策動、勾引、收買國家工作人員叛變的；**（五）**進行危害國家安全的其他破壞活動的。」新法除將「危害國家安全」的大罪名，改為較符合實際的「間諜行為」外，文字也作了大幅修改。尤其將第一項「陰謀顛覆政府，分裂國家，推翻社會主義制度的」，原意普遍被認為是專指國府情報機構，現被刪改為「間諜組織」，範圍擴大為一切境外不分敵友的「間諜組織」，而且不再栽贓為「顛覆、分裂、推翻」等無限上綱的罪名。此外將原第三、四款合併為新法第三款外，另新增第四款「為敵人指示攻擊目標的」，用了「敵人」二字，而未用「間諜組織」，顯示有防範平時被搞破壞和戰時被攻擊之意。

《反間諜法》，授予國家安全機關偵查權力顯著擴大。除維持原《國家安全法》賦予的「偵查、拘留、預審和執行逮捕」、「查驗中國公民或者境外人員的身分證明」等權力外，更增加了「對用於間諜行為」的工具、資金、場所、物資，「可以依法查封、扣押、凍結」（第十五條）。新法規定：「保密行政管理等其他有關部門和軍隊有關部門按照職責分工，密切配合，加強協調，依法做好有關工作」（第三條二款），增加賦予國家安全機關能夠在執行「反間諜工作」時有指揮公安與軍隊的權力。

《反間諜法》「附則」第三十九條規定：「國家安全機關、公安機關依照法律、行政法規和國家有關規定，履行防範、制止和懲治其他危害國家安全行為的職責，適用本法的有關規定。」從該條文顯示所謂「國家安全機關」，當是指「國安部」、「公安機關」則指「公安部」（一局）。本條所指「其他危害國家安全行為」，「適用本法的有關規定」，預留未規範入《反間諜法》行為之執法依據。例如：大陸內部分離主義運動暨恐怖襲擊事件、商業間諜、網路間諜等，都可利用「其他間諜活動」或「其他危害國家安全行為」來認定。

《反間諜法》第三十八條將「其他境外機構、組織、個人」竊取、刺探、收買「國家秘密或者情報」，納為「間諜行為」，具有很大模糊的爭議空間。將對工作涉及資訊蒐集、採訪的臺商和外商、學術單位和學者、媒體和記者等「機構、組織、個人」等，都有可能依據《反間諜法》被誣陷為「危害國家安全」而觸法。

據中共「國家互聯網信息辦公室」（屬公安一局）副主任王秀軍曾說：「現在，境外敵對勢力將互聯網作為對我滲透破壞的主渠道，以『網絡自由』為名，不斷對我攻擊污衊、造謠生事，試圖破壞我國社會穩定和國家安全；一些人出於政治或商業利益炒作熱點敏感問題，甚至進行違法犯罪活動；互聯網新技術被一些人作為新的傳播工具，大肆散布違法有害信息。」

中共自二〇一四年實施《反間諜法》，二〇一五年又發布新《國家安全法》後，已加強監視在中國大陸的外國組織和外籍人士活動。據紐約時報二〇一七年五月二十日報導，美國「中央情報局」在中國的情報網曾遭受到嚴重破壞，過去兩年被中共殺害或監禁的CIA的線民，有十八到二十名之多（請詳肆章一節），但被中共否認。

二〇一六年一月一名美國駐成都總領事館官員，被中共懷疑為美國「中情局」的間諜，利用該美國外交官外出公幹行走在街上時，強制架走，押至秘密處所審問，並錄下「認罪」影音，直到次日，才被美領事館營救獲釋，緊急安排他離境返美。事發後，美、中雙方均保持緘默，美方僅暗示將「以牙還牙」，驅逐美國境內以外交官為掩護的中共間諜。

另據日本外務省信息：自《反間諜法》公布以來，至少已有八名在華日人被中共以違反《反間諜法》逮捕和起訴。其中六人係於二〇一五年三月受中國企業委託，到海南省三亞市和山東省煙台市探勘溫泉和地基調查，因該兩地都有中共軍港，遭「國安部」以「危害國家安全」嫌疑逮捕。二〇一七年九月十八日，日籍商人樋口健被遼寧省大連市「國安局」以涉嫌從事間諜情報活動逮捕。日本「時事通訊社」稱，大連是一座軍港城市，二〇一七年四月，中國首艘國產航空母艦在這裡下水，被捕的日本人「可能涉嫌與此相關的軍事情報被當做間諜」。中共在「九一八事變」八十六周年當天逮捕樋口健，時機似乎是經過特意挑選的。

二〇一七年四月，北京市「國安局」為了鼓勵民眾檢舉間諜，特別公布實施一項《公民舉報間諜行為線索獎勵辦法》，對防範、制止或偵破間諜案件「發揮特別重大作用，貢獻特別突出的線索」，給予獎金。這「特別」兩字，有很大解釋空間，亦即檢舉間諜線索不一定會獲得獎金。

北京市「國安局」突然頒布這項辦法，顯示「境外間諜」在中國大陸的活躍。「國安局」也承認近年來因「出入境人員逐年遞增，境外間諜情報機關和其他敵對勢力也藉機加緊對大陸進行政治滲透、分裂顛覆、情報竊密、勾連策反等破壞活動」，「境外間諜的活動範圍不斷擴大，方式更加多樣，手段更加隱蔽，活動更加猖獗」，而「北京作為中國的首都，是全國的政治中心、文化中心、科技創新中心和國際交往中心，是境外間諜情報機關和其他敵對勢力對中國進行滲透、顛覆、分裂、破壞和竊密等活動的首選地」。

四、頻頒國安法律　引起國際的關注和人道疑慮

中共自「十八大」後，涉及國家機密和安全方面的立法工作，除通過二〇一四年的《反間諜法》，和二〇一五年的新《國家安全法》外、又連續通過《反恐怖主義法》（二〇一五年），《網路安全法》（二〇一六年），以及首部《國家情報法》（二〇一七年）。中共這種作法，打破以往情報工作只做不說慣例，一則是賦予「國家情報機關」更大「執法」權力，並將侵犯人權行為「合法化」；另則是警告世界各國情報機構，和威脅恐嚇境內來自境外之間諜，勿輕舉妄動。

（一）反恐怖主義法

中共制定《反恐怖主義法》原因，據「公安部反恐怖局」局長安衛星說：「近年來，受國際恐怖活動的高發、境內外『東突』勢力滲透煽動的影響，我國內面臨的暴恐活動威脅越發突出，我國內發生的暴恐案件給人民群眾的生命財產安全造成了嚴重的損失，恐怖活動對我國家安全、社會穩定、經濟發展、民族團結和人民生命財產安全構成了嚴重的威脅。」因此需要一部專門的反恐怖主義法，打擊恐怖主義的活動。

《反恐怖主義法》係於二〇一五年十二月二十七日公佈，自二〇一六年一月一日起施行。通過時機正值北京試圖通過鐵腕杜絕新疆暴力活動、加強對政治異見人士管控之時。外界普遍認為，

中共當局會利用《反恐法》對民眾的言論和行動進行更加嚴格的控制。

《反恐法》對「恐怖主義」所下定義為：「通過暴力、破壞、恐嚇等手段，製造社會恐慌、危害公共安全、侵犯人身財產，或者脅迫國家機關、國際組織，以實現其政治、意識形態等目的的主張和行為」。全文共有十章九十七條，將反恐怖主義納入國家安全戰略，運用政治、經濟、法律、文化、教育、外交、軍事等手段，執行反恐怖主義工作。

該法因可能侵犯人權，威脅外國企業，而備受國際關注和人權組織疑慮。如：第十八條規定「電信業務經營者、互聯網服務提供者應當為公安機關、國家安全機關依法進行防範、調查恐怖活動提供技術介面和解密等技術支援和協助。」美國國務院曾指責該法將進一步限制中國人民言論、結社、集會和宗教自由，憂慮美國企業和通信公司將被要求配合執法，可能影響到美國對中國的貿易和投資。人權組織亦認為：《反恐法》在恐怖主義、國家安全以及極端宗教等許多問題上的定義都十分模糊，給中國官方的鎮壓活動提供了巨大的空間，將嚴重威脅中國的人權，特別是在西藏以及新疆等地，「幾無異於對人權侵犯大開綠燈」。這些條款對臺商，和臺灣整體國安，也都會產生影響。

《反恐法》具有三個特色：

1、全民反恐：《反恐法》規定任何單位和個人有協助、配合開展反恐怖主義工作的義務，發現恐怖活動嫌疑或者恐怖活動嫌疑人員的，應當及時向公安機關或者有關部門報告的主動作為；並鼓勵民眾將「反恐」視為責任。事實上《反恐法》執法對象，主要是「疆獨」。習近平曾說：對付「疆獨」恐怖份子，「要築起銅牆鐵壁、構建天羅地網」，打擊暴力恐怖活動，各民族要像「石榴籽那樣緊緊抱在一起」。為了建構「天羅地網」，中共在新疆佈建了超過三千萬個監視器，其中至少有四萬個對準了重要街口、清真寺等等。中共常運用「全民反恐」，來緝捕恐怖份子。二〇一四年八月新疆和田縣警方動員了三萬居民，只為了圍堵擊斃十名暴徒。國際就批評中共「反恐」行動透明度低、行政裁量權大，侵害人權的機率大。

2、限制媒體報導：《反恐法》規定，電信業務經營者、互聯網服務提供者應當落實網絡安全、防止含有恐怖主義、極端主義內容的資訊傳播，並向公安機關或者有關部門報告。違反者可能被處罰款或拘留。美國前總統歐巴馬曾在二〇一六年三月說，這類要求將讓中共在美國科技公司的系統安裝「後門」。此外曾有法國記者在新疆報導：中共執法過程限制維吾爾族人的宗教儀式、鼓勵漢族移民新疆藉以減少維吾爾人等等，被認為報導不當，遭到遞解出境的待遇。

3、海外執行反恐行動：中共因「疆獨」恐怖份子行蹤已自新疆及巴基斯坦、阿富汗、中亞等地蔓延至東南亞，和中東地區，並與極端恐怖組織IS掛鉤。恐怖行動也從國內蔓延到海外中共使領館和企業。因此在《反恐法》中有專章談及國際合作，並規定：國務院公安部門、國家安全部門、人民解放軍、人民武裝警察部隊可以派員出境執行反恐怖主義任務，為中共派遣特務或出兵海外執行「反恐」任務，賦予了法源。除加速與相關國家簽訂引渡條約外，並以「上海合作組織」作為情報交換、作業協調樞紐。

（二）網路安全法

《網路安全法》係於二〇一六年十一月頒布。其實，中共自二〇一三年起對網路的監控和網路新聞頻道的管制，已日益嚴格。「國家互聯網資訊辦公室」在《網路安全法》公佈後，又發布了《互聯網直播服務管理規定》。另與《網絡安全法》同步於二〇一七年六月一日實施的還有《互聯網新聞資訊服務許可管理實施細則》、《互聯網資訊內容管理行政執法程式規定》兩規定，並將新媒體納入了互聯網新聞範圍，加強對互聯網資訊嚴格的審查，禁止互聯網用戶發表包括有損害國家聲譽、擾亂經濟或社會秩序、或意圖推翻社會主義制度在內的資訊。禁止「微信」和「微博」在未經許可的情況下提供新聞資訊服務。

《網路安全法》總共有七章七十九條，其重點有四：

1、嚴懲網路詐騙和網路攻擊。《網路安全法》規定不得利用網路實施詐騙，也嚴懲網路攻擊者，境外的個人或組織如有危害中共的關鍵訊息基礎設施的活動，造成嚴重後果者，公安部門和相關部門可採取凍結財產或者其他必要的制裁措施。其實在全球網路攻擊威脅日益升高之際，就算中共加強對網路的監管手段，未必真能防止所有的網路威脅。許多國家，包括中共和美國都設有國家級的「網軍」駭客，專責竊取他國的「國家機密」，或者藉散播特定資訊，企圖產生某種影響（如俄國影響美國二〇一六年總統大選）。而臺灣更是中共駭客的試驗場，遭駭客攻擊嚴重的情況，名列亞洲前矛。

2、保護關鍵訊息基礎設施。《網路安全法》將公共通信和資訊服務等列為「關鍵訊息基礎設施」的產業，作為重點保護，要求網路營運商必須替中共國家安全及公安機關提供技術支援，和接受設備安全檢查。尤其是「限制數據跨境傳輸」對來自境內的數據，規定必須儲存在中國國內。外國網路科技公司面對中國大陸龐大市場，只得屈服照辦。連曾力抗美國「聯邦調查局」要求解鎖恐怖份子手機的蘋果公司，都不得不向中共的「安全可控」網路政策低頭，將中國大陸用戶的數據轉移到中國境內的伺服器。

3、網路「實名制」法令化。《網路安全法》規定網路運營商為用戶提供電話及網路等服務之前，必須要求用戶提供真實身份，才能夠提供相關服務。「實名制」讓中共能夠實質控管所有網路的「入口」，也就掌握了所有網路使用者。只要有不符合國家安全的訊息，都會被強烈管制，也給予中共合法監管網路言論的權力。該法又規定網路營運者不得洩露個人信息，否則重罰。外界分析認為，新法看似是為了保護個人信息和隱私，實質是為了遏制言論自由、通信自由。這些措施，實際上都是「反間諜工作」偵察的一環。

4、危及國家安全的重大突發事件可限制通訊。《網路安全法》中最具爭議性的是第五十八條，該條款藉維護國家安全和社會公共秩序，處置重大突發社會安全事件的理由，規定經批准後可以在特定區域對網路通信採取限制等臨時措施。由於涉及對外國企業的管制，引起外企極大的不安。二〇一六年八月，有境內外企集體聯名致函中共，認為新法對網路安全並無實質幫助，卻形成了貿易壁壘，削弱外企在中國市場競爭力。人權組織亦疑慮此法係當局針對異議人士，增強打壓言論自由及人權力度，防堵類似中東「茉莉花革命」、臺灣「太陽花學運」、香港「雨傘革命」等運動信息，和新疆維族恐怖主義以及中共強力鎮壓之暴力行動資訊，經由網路快速傳播，造成大陸人民仿效或對中共產生不滿情緒，所祭出的重磅法令。大陸民運人士認為，新法中最苛刻是：以前轉載新聞，或發布身邊的突發事件、群體事件等都不違法，現在都定為非法了。

(三) 國家情報法

中共第十二屆「人大」常委會於二〇一七年六月二十八日公佈《國家情報法》，係依據習近平在二〇一四年四月「國安委」第一次會議中提出的「總體國家安全觀」和十一個領域的「國家安全體系」而制定的新法。「人大」在二〇一七年五月曾先公佈《情報法（草案）》徵詢意見時表示：該法主要內容有「四個明確」，即「明確」了國家情報工作的「任務體制機制」、「機構的職權」、「保障」和「規範與監督」，是處理好和做好與《國家安全法》、《反間諜法》、《反恐怖主義法》等法律的關係和銜接，「為國家情報工作提供基本的法律原則和法律依據」。實則《反間諜法》、《反恐怖主義法》主「防」，而《國家情報法》主「攻」。

《情報法》共五章三十二條，內容的重點可歸納如次：

1、「國家情報工作」堅持「總體國家安全觀，為國家重大決策提供情報參考，為防範和化解危害國家安全的風險提供情報支援，維護國家政權、主權、統一、獨立和領土完整」（第二條）。

2、「中央國家安全領導機構對國家情報工作實行統一領導」、「中央軍事委員會統一領導和組織軍隊情報工作」（第三條）；界定「國家情報工作機構」為：「國家安全機關和公安機關情報機構、軍隊情報機構」（第五條），即「國安部」、「公安一局」、「聯參情報局」和「政治工作部聯絡局」；訂定「國家情報工作」的原則：「堅持公開工作和秘密工作相結合、專門工作和群眾路線相結合、分工負責與協作配合相結合」（第四條）。

3、對國家情報工作機構依法開展工作，可以要求有關機關、組織和公民依法支持、協助和配合國家情報工作提供必要協助，保守所知悉的工作秘密（第七、十四條）。

4、授權「國家情報工作機構」可「使用必要的方式、手段和管道，在境內外開展情報工作」；賦予情報工作機構「蒐集和處理境外機構、組織、個人實施或者指使、資助他人實施的，或者境內外機構、組織、個人相勾結實施的危害中國國家安全和利益行為的相關情報」（第十、十一條）。

5、授權「國家情報工作機構」可以「採取技術偵查措施」，「進入限制進入的有關區域、場所，向有關機關、組織和個人瞭解、詢問有關情況，查閱或者調取有關的檔案、資料、物品」，「優先使用或依法徵用機關、組織和個人的交通工具、通信工具、場地和建築物」（第十五、十六、十七條）。

6、違反本法規定，阻礙國家情報工作開展、洩漏與國家情報工作有關的國家秘密的，由國家情報工作機構建議相關單位予以處分，或由國家安全機關、公安機關處警告或十五日以下行政拘留；構成犯罪時，將依法追究刑事責任（第廿八、廿九條）。同時也禁止情報機構及人員「不得利用職務便利為自己或者他人謀取私利」，任何人和組織有權檢舉、控告，防止超越職權、濫用職權和其他違法違紀行為，違者依法處分或追究刑責。（第十九、二十七、三十一條）。

《情報法》第三條規定的「中央國家安全領導機構」統一領導國家情報工作，和「中央軍委」統一領導軍隊情報工作。係因過去中共中央直接領導的情報機構只有黨的「中聯部」和「統戰部」；政府部門的「國安部」、「公安部」（一局）則由「國務院」領導；軍情系統在「軍改」前，軍委主席胡錦濤實際是被軍委副主席郭伯雄（總參）、徐才厚（總政）兩人架空，而且「總參」二部、三部和「總政」聯絡部，又各自為政。習近平為奪取黨政軍情報系統領導權，於是透過撤換郭、徐「軍委」副主席職務；懲辦政法體系的周永康、令計劃等人；成立「國安委」親兼主席；通過「軍改」奪回「軍委」主席權力，以及制頒《情報法》等手段，終於名正言順正式取得情報系統「統一領導」大權。

《情報法》的公佈，翻轉世界各國歷來對情報工作只做不說的慣例，引起國際社會一片嘩然，且法案中的「國家利益」或「情報」的具體內容模糊籠統，賦予情報機關監視、調查境內外個人及團體的強大法源，極可能被執法者恣意濫用，假借「維護國家安全和利益」之名，進行監控、突檢、扣留車輛和設備等迫害人權之手段，以及授予執法者強制處分與行政拘留等至高無上特權，輕易可將侵犯人權的非法行為予以合法化，突顯政、法不分之亂象，成為中共用來執行「反間諜」任務，鎮壓異議人士、箝制非政府組織活動之工具。大陸不少社會運動者已經感到威脅，擔心中共當局任意詮釋法律，加強鎮壓。

尤其《國家情報法》授權「國家情報工作

機構」可依需要和依法「在境內外開展情報工作」，可以「採取技術偵察措施」，「進入限制進入的有關地區、場所」，「瞭解、詢問有關情況，查閱或者調取有關的檔案、資料、物品」。違者將受處分、拘留，或依法追究刑事責任。這種籠統含混的法律，竟然將境外的世界各國都視同為境內，納入執法範圍，賦予「國家情報工作機構」和工作人員恣意妄為的執法權力，更是令人難以置信。

二〇一八年四月十一日，瑞典國家檢察官起訴一名男子，指控這名男子為中共安全部門的間諜，涉嫌在瑞典偵察收集西藏流亡人士的資訊，包括住所、家庭狀況、政治活動、以及參加的會議等（目前約有一四〇名西藏人住在瑞典），並把這些資訊傳給中共國安部門。這個案例，正是典型在境外調查異己的情報活動。

臺港媒體屢有報導：臺灣退休國軍官兵、警消、公教人員，特別是離休情治人員，乃至包括眷屬和親友赴陸觀光、探親或經商，常被中共情報機關無緣無故強制約談（又稱「喝咖啡」），強行詢問所知機密，不合作者動輒關押，甚至以威脅恐嚇和利誘等手段，強迫為中共從事對臺的情報工作等諸多匪夷所思的情況，對兩岸關係「和平發展」已構成極大傷害，不但引起臺灣軍公教警退休和現職人員普遍不滿，更助長國府情治單位同仇敵愾心理，加深兩岸情治工作之鬥爭。

此外，中共《國家情報法》的制定，對臺灣的危害將會更大，中共執法者可據該法任意對入陸的臺灣人民，進行約詢、搜查，或祭以十五日以下之拘留，更不利兩岸關係之發展。而且，中共授予情報機關「得於境內外開展情報工作」，勢必加強對臺灣的滲透和情報活動，危及臺灣的安全。尤其該法第二十三、四條規定：對與情報機構建立合作關係人員和「近親屬」人身安全受到威脅時，「應當採取必要措施，予以保護、營救」及「妥善安置」，則在鼓勵被迫吸收的我方退休軍、公、情人員，回臺後放膽為中共工作，出事中共也會營救。事實上從歷年來我方破獲的共諜案中，中共除否認到底外，從未曾出現過「保護、營救」的情形，遑論「妥善安置」。

結語

據媒體報導，因「國安部」過去多次介入中共高層政爭，令習近平擔心其坐大失控。香港《爭鳴》雜誌曾透露，中共黨內早年訂有一條秘密「幫規」：特務情報力量不得介入黨內路線鬥爭，但江澤民在任時，曾動用「國安部」扳倒陳希同（前北京市委）打破了這一潛規則。此後，從周永康到曾慶紅、到令計劃，以特務對付政敵的手段，開始在中共黨內氾濫。

北京消息人士說：二〇一四年十一月中共頒布《反間諜法》以取代「國安部」原有的《國家安全法》，表面上似是重新規範限定「國安部」的工作範圍，「除了抓間諜，其他涉及國家安全的活，基本上都沒有安全部的份了。這意味著『國安部』原有的權力大受局限，經費和人員編製也大受限制」。而且，國安的逮捕行動能力也遭到削弱，很多職能被公安「國保」（一局）替代，甚至出現「國保」看不起「國安」的現象。「銅鑼灣書店」越境綁架事件，就是一個典型的例證。

香港《明報》二〇一五年五月曾報導習近平對「國安部」的人事採取「零敲碎打、逐步替換」的方式進行的，不太引人注目。只要對照「國安部」新舊領導層名單就會發現，高層組成人員已經「面目全非」。

另海外媒體二〇一五年九月報導：中共中央正在擬定對公安系統的重大改革舉措，將拆解「公安一局」，將原有的「國保」人員「轉崗」，充實到其他公安部門，基層「國保」特務，將併入到治安一線。中共要撤裁「國保」，有兩個原因：（一）「國保」假借「政治維穩」

行使特權，已逾越公安「治安維穩職能」，並由一個司法部門演變成一個淩駕於其他部門之上的政治機構。（二）「國保」藉「維穩」濫權，製造大量政治犯，惡名昭彰，形象不佳。外界對中共要解散這個「當代蓋世太保」機構之傳言，看似言之鑿鑿，勢在必行，事實並非如此？

國安與公安（一局）兩部工作因重疊性高，惡鬥激烈，濫權腐敗嚴重，都令習近平不滿。傳聞習近平決心整頓國安、公安等情治系統，未必是空穴來風。自中共二〇一四年一月成立「中央國家安全委員會」，和先後頒布新訂《國家安全法》、《反間諜法》和《國家情報法》等與情報工作相關法規之際，就有消息傳出：習近平將全面改組國安和公安（國保）情報系統，打散重新組合，從蘇聯模式向美國模式轉變，成立類似美國「聯邦調查局」（對內）的偵查部門，和類似「中央情報局」（對外）的情報部門。

除此之外，習近平剛開始改組中共「總參謀部」時，曾傳出「總參二部」內殘留的徐才厚、郭伯雄親信，利用特權，針對習近平的身邊人發起十六起調查案，期打擊習近平、影響「軍改」的消息。因此媒體分析習近平整改範圍，還包括軍情和黨中央情報部門。今後各情報首長將由習近平親自任命，以確保「對黨的絕對忠誠」，並解決目前政出多頭、九龍治水的做法。

據總部位於巴黎、關注全球戰略情報工作網站《軍情線上》（Intelligence Online）的一篇關於中國〈軍事情報的新時代〉的報導說：以「國安部」為代表的中共情報系統，曾被江派要員曾慶紅長期掌控。曾慶紅被外界形容為「當代康生」，意指他是中共情報系統的實際最高總管。又說：習近平對中共國安系統的改革，「國安部」將被降級為專注國內反情報及反腐的部門。「國安部」在海外的工作，將交由「軍改」後成立的中央軍委「聯合參謀部情報局」接管。

類似報導很多，基本上都是將「國內安全」和「國外情報」工作區分開來，成立兩個機構，只是名稱各有不同。如：

（一）日本NHK國際部記者在二〇一四年十月報導：「中共將改組其情報與間諜機構，原有的『國家安全部』將劃分為『國內安全部』和『國外安全部』」。

（二）同月《博訊》稱：「國安部」將被分解成對外情報、對內調查兩個部分，而對內調查將把「公安一局」併入。

（三）二〇一六年港媒稱，中共將參照美國模式，把「國安部」分編為「國家反間諜總局」及「國家情報總署」二機關，「公安一局」依內部各單位業務的不同，分別併入該兩機構。

（四）「國安部」的對外情報系統將被分離出來，成立一個新的部門，稱為「國家情報局」。其餘部分和「公安一局」合併，負責對內調查，稱為「國家調查局」。

（五）「國安部」將降格為「國安總局」，未來只對外專職反間諜及收集情報，不介入內政，沒有對內執法權力。單位行政級別也由現時的正部級降為副部級。

對於軍情系統的改革，有兩種不同消息：

（一）只保留一個部門，將「總參情報部」和「總政聯絡部」合併。

（二）「總參情報部」，併入「戰略支援軍」，和「總政聯絡部」併入中共中央「聯絡部」。

這些說法莫衷一是，但從二〇一六年「軍改」時，「總參情報部」已改組為軍委「聯合參謀部情報局」，「總政聯絡部」也改為軍委「政治工作部聯絡局」，同時將「總參」二、三部撥併入「戰略支援部隊」的作法。如習近平要整併軍委「情報部」和「聯絡部」兩個部門，或將「聯絡部」隨同「軍改」案同時撥併「中聯部」，大可畢其功於一役解決，似無再進行第二次改革必要。

自習近平於二〇一三年整合外交、公安、國安和司法等部門成立了「國家安全委員會」並親自兼任主席，和他調派「中紀委」副書記陳文清擔任「國安部」部長，整肅「國安部」貪腐情形，以及陳文清並未出任「國安委」委員，「國安部」似已失去了昔日的地位。其後，「國安部」將被降格和拆解的傳言一直不斷。

但是依據新頒《國安法》第五十二條：「國家安全機關、公安機關、有關軍事機關根據職責分工，依法搜集涉及國家安全的情報資訊」；《反間諜法》法第一章規定「國家安全機關是反間諜工作的主管機關。公安、保密行政管理等其他有關部門和軍隊有關部門按照職責分工，密切配合」，以及《國家情報法》第五條：「國家安全機關和公安機關情報機構、軍隊情報機構（以下統稱國家情報工作機構）按照職責分工，相互配合，做好情報工作，開展情報行動」，第十一條：「國家情報工作機構應當依法搜集和處理境外……或者境內外……相關情報」等四條文分析，國安、公安、軍事（軍委）等三機關仍平行併列，仍保留「公安機關情報機構」（即公安一局」）建制，國安機關仍是中共境內外「反間諜工作」主管機關，仍負責國家情報工作。從這四個「仍」研判「國安部」目前尚無被拆解和降編之可能。

二〇一八年三月十三日，國務院總理李克強向全國「人大」會議提出《國務院機構改革》方案，改革幅度大，計有八個部級單位和七個副部級機構被裁撤或合併，並組建「退役軍人事務部」、「自然資源部」、「生態環保部」、「農業農村部」、「文化和旅遊部」、「國家衛生健康委員會」、「銀行保險監督管理委員會」、「國家市場監督管理總局」等新部委。而甚囂塵上的「國安部」、「公安一局」等備受矚目的裁併問題，改革方案中並未作調整，仍各自維持原狀。而且同月十九日「人大」會議邊過陳文清續任「國安部」部長，證明「國安部」仍維持為部級單位，謠傳國安、公安（一局）機構裁併改組的傳言並非事實。

本書將中共情報機關成立與演變，以及重要間諜活動，作了系統性的介紹與分析，也同時將國府情報機構與中共在情報戰線隱蔽鬥爭一些事蹟，簡略作了一些介紹，但涉及近五十年來軍情單位從事大陸的情報工作，雖然媒體有一些報導，因尚未解密，均不在本書中談及。

至於本書將中共黨內情報機關「中聯部」和「統戰部」列在政、軍特務機關之後，是因為中共新頒《國家安全法》、《反間諜法》、《反恐怖主義法》、《國家情報法》等法條，均未將該兩單位列為情報組織，但實際上它們被公認是特務機關，所以才列在政、軍特務系之後介紹。

附錄

一、中共建政前潛伏國軍間諜表

本表是一份紀錄潛伏於中華民國國軍，或曾被中國共產黨聲稱或承認，為中共進行間諜行為的人物列表。

*以下本表摘錄自維基百科，故與本書部份內容不盡相同，僅供讀者參考。

1937－1945年

1937年

劉仲華，第五戰區司令長官（李宗仁）部參議。後曾任中共北京市園林局局長、文革中被迫害致死。

熊向暉，胡宗南機要秘書，將胡宗南軍事命令傳給中共、使胡宗南屢戰屢敗、中共情報「後三傑」。曾任中共中央調查部副部長，中央統戰部副部長。

陳忠經，胡宗南部屬，使胡宗南屢戰屢敗、中共情報「後三傑」，後任中共對外文化聯絡局代局長，對外文委副主任、秘書長，現代國際關係研究所所長、中央調查部副部長。

申健（申振民），胡宗南部屬，使胡宗南屢戰屢敗、中共情報「後三傑」。後任中共拉丁美洲友好協會副會長、第一任駐古巴大使。

1938年

趙榮聲，衛立煌少校秘書。後曾任《工人日報》文化生活組組長。

1939年

閻又文，傅作義秘書、華北剿匪總司令部政工處副處長。後曾任中共農業部糧油生產局局長。

1942年

謝和賡，白崇禧機要秘書。文革時入獄，一九七四年獲知妻子已在文革被迫害致死，精神崩潰失常，後在周恩來營救下獲釋。

葛佩琦，東北保安長官司令部政治部少將督察。後任中共中國人民大學教授。

1945年

牛化東，新編第十一旅副團長，率新編第十一旅於陝西安邊叛變加入解放軍。後任中共陝甘寧晉綏聯防軍新編第十一旅副旅長、三邊軍分區副司令員兼新編第十一旅副旅長、寧夏軍區參謀長、銀川軍分區司令員、寧夏軍區副司令員。授階少將。

1946–1949年

1946年

何遂，以自己國軍將領身分掩護自己的中共黨員子女和兒媳從事地下黨間諜工作。

1947年

吳仲禧，國防部中將，取得「淮海戰場形勢圖」，送交給中共。

王啟明，時任整編第三十二師參謀長，率部投共。後任中共晉冀魯豫野戰軍第四縱隊參謀長、第二野戰軍第四兵團第十四軍副軍長、雲南軍區副參謀長、昆明軍區副參謀長、雲南軍區副司令員、雲南省副省長、雲南省政協副主席。授階少將。

1948年

韓練成，海南島防衛司令，四十六軍軍長。國共內戰期間，提供軍事情報使共軍於萊蕪戰役一舉消滅李仙洲部隊6萬餘人；授階中將。

何基灃，徐蚌會戰時任第三十三集團軍副司令，率第五十九軍全部，七十七軍大部在賈汪、台兒莊地區叛變，使黃百韜兵團被圍殲。

張克俠，徐蚌會戰時任第三綏靖區副司令，與何基灃率第五十九軍全部，七十七軍大部在賈汪、台兒莊地區叛變，使黃百韜兵團被圍殲。

王黎夫，徐蚌會戰期間，利用赴徐蚌前線視察的機會，匯總徐州剿總的糧草、被服存儲和補給情況，並推算出其中的軍力狀況，將情報交給中共。

1949年

段伯宇，蔣介石侍從室少將高參，策劃傘兵第三團劉農投共。後任中共自然科學史研究室和中國科學院自然科學史研究所負責人、第六屆全國政協委員。

廖運周，一一〇師師長，一九四九年五月四日，率整師投共、使黃維突圍計劃失敗。後任共軍第四兵團第十四軍第四十二師師長、高級炮兵學校校長。授階少將。

劉斐，軍令部第一廳廳長、國防部三廳廳長、戰略顧問委員會委員、軍事委員會委員。將軍事計劃傳給中共，後在香港聯名通電脫離國民黨。

郭汝瑰，國防部作戰廳廳長、二十二兵團司令，將孟良崮戰役軍事計劃傳給中共，使七十四師被全殲、制定徐蚌會戰作戰方案、率部在宜賓叛變。

1950年

吳石，第十六集團軍中將副總司令，國防部中將參謀次長。隨國軍撤臺後，利用職務之便，提供中共情報。一九五〇年三月，判處死刑，被中共封為「革命烈士」。

聶曦，陸軍上校，吳石副官。

陳寶倉，聯勤總部第四兵站中將總監，與吳石同案被判死刑，中共追認為革命烈士。

吳鶴予，國防部第三廳少將副廳長，一九五〇年八月，因洩漏《東南區匪我態勢圖》，判刑入獄十年。

二、主要參考資料

（一）參考書籍

01、《林彪的忠與逆—九一三事件重探》。翁衍慶著，臺北新銳文創（秀威資訊），二〇一二年七月出版。

02、《中國民主運動史—從延安王實味爭民主到西單民主牆》、《中國民主運動史—從中國之春到茉莉花革命潮》。翁衍慶著，臺北新銳文創（秀威資訊），二〇一六年四月出版。

03、《統一戰線與國共鬥爭》。翁衍慶著，臺北中共研究雜誌社，二〇〇六年二月出版。

04、《中共對臺工作組織體系概論》。郭瑞華著，法務部調查局共黨問題研究中心，一九九九年六月出版。

05、《軍統內幕》。沈醉著，臺北新銳出版社，一九九四年九月出版。

06、《特工王戴笠》。楊者聖著，臺北新銳出版社，一九九四年八月出版。

07、《國民黨特務活動檔案大解密》（上下輯）。馬振犢著，臺北靈活文化事業有限公司，二〇一〇年十二月出版。

08、《中共地下黨現形記》。熊向暉等著，傳記文學雜誌社，一九九一年八月出版。

09、《中共在海外的陰謀活動　一個中共海外工作幹部的自述》。司馬摩著，一九七八年七月出版。

10、《中共情報工作實錄》。司馬摩著，一九八八年十二月出版。

11、《毛澤東全傳1949-1959》。辛子陵著，臺灣書華出版事業有限公司，一九九三年十二月出版。

12、《中共「太子黨」》。何頻、高新著，臺北時報文化出版企業有限公司，一九九二年十月出版。

13、《中共情報首長》。鄭義著，香港夏菲爾出版有限公司，一九九九年五月出版。

14、《國共間諜戰七十年》。鄭義編撰，香港夏菲爾出版有限公司，二〇〇一年十月出版。

15、《政治部回憶錄》。羅亞著，香港中文大學香港亞太研究所海外華人研究社，一九九六年七月出版。

16、《武漢地下鬥爭回憶錄》。湖北人民出版社編輯，一九八一年五月出版。

17、《地下十二年與周恩來》。熊向暉著，《人民日報》，一九九一年一月七日刊印。

18、《軍統內幕》。沈醉、康澤等著，北京中國文史出版社，二〇〇九年四月二版。
19、《間諜與反間諜》、《情報與反情報》、《竊密與反竊密》。張殿清著，北京世界知識出版社，一九九六年十二月出版。
20、《中共策反風雲錄》。曹建、曹軍編著，四川文藝出版社，一九九六年二月出版。
21、《反特反諜奇戰寫真》。李健編著，北京華文出版社，一九九六年八月出版。
22、《董必武操縱的超級間諜》。劉明鋼著，北京《黨史縱橫》，二〇一二年七期。
23、《紅色巨諜羅青長》。李嫄嫄著，《南方人物周刊》，二〇一四年五月六日。
24、《中國情報系統》。尼柯拉斯•艾夫提麥爾德斯著，李艷譯，明鏡出版社，一九九八年八月出版。
25、《中國國安委—秘密擴張的秘密》。葉茂之、劉子威著，明鏡出版社，二〇一三年十二月十九日出版。

（二）網路資料

01、〈中共情報組織工作機關的演變歷史〉。科羅廖夫著，歷史論壇、鼎盛論壇，二〇一四年十一月。
02、〈周恩來與黨的隱蔽戰線—試談民主革命時期周恩來對我黨情報保衛工作的貢獻〉。中共中央黨史研究室薛鈺著，人民網領袖人物資料庫。
03、〈向忠發〉〈彭湃〉〈陳延年〉〈趙世炎〉〈許白昊〉〈蕭楚女〉〈陳賡〉〈賀芝華〉〈白鑫〉。維基百科。
04、〈創最有節操的情報機構　揭秘真實的中央特科〉。鐵血網，二〇一四年一月十五日。
05、〈中國共產黨中央特別行動科〉。百度百科。
06、〈顧順章〉〈錢壯飛〉〈胡底〉〈李克農〉。維基百科。
07、〈李克農〉〈錢壯飛〉〈胡底〉。百度百科。
08、〈中國共產黨最著名16位臥底的最後結局〉。書味頻道，新浪網—北美。
09、〈中華蘇維埃共和國國家政治保衛局〉。百度百科。
10、〈國家政治保衛局〉。百度百科。
11、〈天字第一號打手康生發跡秘史〉。高華著，多維新聞網，二〇一四年十二月十四日。
12、〈抗戰時期的中共地下情報工作〉。新浪博客，二〇一一年八月二日。
13、〈中共中央社會部〉。百度百科。
14、〈揭秘中共中央社會部：隱秘戰線的「黃埔軍校一〉。奇聞異事。
15、〈中共特務大本營（中央社會部）〉。今世游，微信，二〇一二年十二月十七日。
16、〈軍統、中統為何始終無法打入延安？〉。每日頭條，二〇一六年四月六日。
17、〈從不掛牌的「中央情報部」〉。郝在今著，人民網—軍事頻道，二〇一一年二月二十三日。
18、〈隱蔽戰線英雄先烈不容忘卻：中共情報戰為抗戰勝利作出巨大貢獻〉。光明網—理論頻道，二〇一五年九月三日。
19、〈秘聞：康生在延安中央社會部〉。王珺（中調部、國安部副部長）著，秦楚網。
20、〈共諜泄密毛逃離　蔣閃擊延安得空城〉。阿波羅新聞網。
21、〈揭秘中共特工史上的「前三傑」和「後三傑」〉。每日頭條。
22、〈胡宗南身邊的紅色間諜　陳忠經傳奇揭密〉。亓樂義著，風傳媒，二〇一四年八月二十九日。
23、〈秘密戰中的王石堅案件〉。陳益南著，壹讀。
24、〈抗日戰爭時期中共情報系統〉。微信，二〇一二年十二月十日。
25、〈中國共產黨臺灣省工作委員會〉〈臺北市工作委員會〉。維基百科。
26、〈中共臺灣地下組織遭破壞始末〉。壹讀，二〇一六年六月二十二日。
27、〈吳石、朱諶之間諜案〉。維基百科。
28、〈吳石潛伏國軍階級最高共諜〉。李舒寧著，新新聞—歷史現場，二〇一一年十一月二日。
29、〈中共中央社會部的變遷〉。拓展網—拓展協會暨東方毅集團，二〇一二年六月四日。
30、〈神祕的中共中央情報部〉。海歸網，二〇一四年四月十七日。
31、〈中共中央調查部〉。維基百科。
32、〈關於中共中央調查部的歷史考察〉。（瑞典）沈邁克著，黃語生譯，壹讀，二〇一六年六月一日。
33、〈西方反間專家談中共特務活動〉。大紀元，二〇〇七年八月十八日。
34、〈揭秘中共黨政軍的各情報機構〉。中共禁聞網，二〇一五年十一月二十八日。
35、〈淺析中共情報體系及其運作〉。余欣儒著，青年日報，二〇〇八年十月二十九日。
36、〈中華人民共和國國家安全部〉。維基百科。

37、〈紅牆背後的黑手　解密中共國安部〉。王海天著，阿波羅新聞網，二〇一二年一月三十一日。
38、〈（無間道）國安部高官向美洩密　中共自爆叛諜家醜〉。蘋果日報，兩岸國際，二〇一四年一月九日。
39、〈（內幕）「是鬼不是人」的國安部長許永躍〉。劉文定著，大紀元，二〇一九年六月二十七日。
40、〈國安部大調整　習近平清除「心腹大患」〉。大紀元，二〇一五年九月十一日。
41、〈美：上海社科院是中共情報部門〉。臺灣醒報，二〇一七年六月二十五日。
42、〈習王清洗國安部　紀委書記換人〉。大紀元，二〇一五年十月二十八日。
43、〈中國國家情報網　國家安全部〉。軍事文摘，主頁，二〇〇〇年十二月二十九日。
44、〈大陸黨政軍對臺智庫決策角色總體掃瞄〉。王銘義著，中國時報，一九九八年五月十一日。
45、〈陸社科院換將　楊明杰掌臺研所〉。蔡浩祥撰，中時電子報，二〇一七年二月十四日。
46、〈中共國安部招聘甚麼樣的學生〉。劉曉真撰，大紀元，二〇一六年二月二十三日。
47、〈三大派美間諜落網　曝光中共特工招募秘密〉。中國觀察，新唐人，二〇一六年七月十一日。
48、〈紐約時報：折損20線民ＣＩＡ對陸諜報受挫〉。陳文和撰，中時電子報，二〇一七年五月二十二日。
49、〈這回北京認了，探查溫泉危害國安？中國外交部承認拘留六名日本人〉。詹如玉撰，風傳媒，二〇一七年五月二十三日。
50、〈北京指境外間諜在大陸活動日趨猖獗〉。中央社，二〇一七年四月十日。
51、〈中美間諜戰：美國退休外交官被控出賣國家機密，面臨無期徒刑甚至死刑〉。閻紀宇撰，風傳媒，二〇一七年六月二十三日。
52、〈中華人民共和國在美國的情報活動〉。維基百科。
53、〈中美間諜大戰　麥氏諜網破獲始末〉。〈新紀元週刊〉第二十二期，大紀元，二〇〇七年六月十六日。
54、〈深化國防和軍隊改革〉。維基百科。
55、〈解放軍最神秘的部門—總參謀部〉。高端參考，中國數字時代。
56、〈中國國家情報網／總參謀部第二部〉。多維新聞社，二〇〇〇年十二月二十九日。
57、〈總參二部〉。互動百科。

58、〈中國情報部門大揭密〉。明慧網。
59、〈中國人民解放軍總參二部簡介〉。捧心西子，二〇一三年一月七日。
60、〈中國人民解放軍總參謀部情報部〉。維基百科。
61、〈中國人民解放軍總參二部七個局的職能揭秘〉。微信，sl文庫，二〇一三年七月四日。
62、〈中國特工─總參謀部情報部門〉。新浪博客，二〇一二年九月三日。
63、〈共軍總參二部部長楊暉訪美〉。華盛頓時報，二〇〇九年十月八日。
64、〈中央軍事委員會聯合參謀部情報局〉。維基百科。
65、〈解放軍總參二部招聘簡章〉。中華網軍事頻道，二〇〇六年五月三十一日。
66、〈國防部總參二部來我校招聘〉。成都航空學院，二〇一五年一月十三日。
67、〈獨家：原總參情報部「垂死掙扎」收集習近平親信黑材料〉。博聞社，二〇一六年一月十七日。
68、〈中國人民解放軍總參謀部技術偵察部〉。維基百科。
69、〈戰略支援部隊成軍　原總參三部更名網路空間作戰部隊〉。博訊社，二〇一六年一月十九日。
70、〈中國人民解放軍戰略支援部隊〉。維基百科。
71、〈中國人民解放軍戰略支援部隊〉。互動百科。
72、〈淺論中共「戰略支援部隊」之建置與戰力〉。揭仲著，二〇一六年九月。
73、〈習近平視察戰略支援部隊　再提以黨領軍〉。中央社，中時電子報二〇一六年八月二十九日。
74、〈戰略支援部隊其實就是天網軍：將改變戰爭〉。精兵堂，二〇一六年一月八日。
75、〈神秘的戰略支援部隊〉。多維新聞網，二〇一六年九月六日。
76、〈中共網攻臺灣　曝大本營藏身武漢〉。中國禁聞網。
77、〈中共對臺網攻大本營曝光！藏身武漢大學〉。中國禁聞網，二〇一五年三月九日。
78、〈北京市海淀區總參三部岳家花園〉。郵政編碼查詢─郵編庫。
79、〈旅美華商竊密被判刑　幕後神秘部隊再曝光〉。天下縱橫，二〇一六年七月十四日。
80、〈軍方情報系統黑幕重重　傳原總參二部華南局長被查〉。中國禁聞網。
81、〈曾慶紅在國安系統的兩名心腹落馬〉。大紀元，二〇一五年六月二十七日。

82、〈中央國家安全委員會簡介〉。中央國家安全委員會，cjyccx。

83、〈中共中央國家安全委員會〉。維基百科。

84、〈國家安全委員會（中共中央機關）〉。百度百科。

85、〈大陸國安委的架構與決策〉。作者：李英明，中時電子報，二〇一四年四月九日。

86、〈中華人民共和國國家安全法〉。新華社，二〇一五年七月一日。

87、〈中國通過反間諜法　廢止國家安全法〉。作者：古莉，中國，RFI，二〇一四年十一月一日。

88、〈中華人民共和國反間諜法〉。新華社，二〇一四年十一月一日。

89、〈大陸通過「反間諜法」之觀察〉。中央警察大學國境警察學系教授汪毓瑋主稿，行政院大陸委會，二〇一四年十二月。

90、〈中華人民共和國反恐怖主義法〉。人大常委會，二〇一五年十二月二十七日。

91、〈中華人民共和國國家情報法〉。中國人大網，二〇一七年六月二十七日。

92、〈（強化言論管制）中國再推國家情報法　陸委會籲注意人權保障〉上報快訊，二〇一七年六月二十六日。

93、〈國安部震盪　中共通過安全戰略綱要〉。周曉輝著，大紀元，二〇一五年一月二十四日。

94、〈中共將拆解國安部改組情報間諜機構〉。法廣著，博訊網，二〇一四年十一月二日。

95、〈港媒：陸國安部可能一分為二〉。中央社，二〇一六年十二月二十二日。

96、〈難以掌控國安部？傳習近平計劃將其降級為國安局〉。中國新聞，二〇一六年七月三十日。

97、〈習近平計劃將國安部降級為國安局〉。大紀元，二〇一六年七月三十日。

98、〈有這事？中共兩大情報機構欲合併〉。中國禁聞網，二〇一六年十二月二十五日。

99、〈指控間諜　中國便衣綁架美國領事官〉、〈中國菜刀駭走澳洲F-35機密〉。自由時報，二〇一七年十月十三日。

血歷史132　PF0235

新銳文創
INDEPENDENT & UNIQUE

中共情報組織與間諜活動

作　　者	翁衍慶
責任編輯	鄭伊庭
圖文排版	楊家齊
封面設計	楊廣榕

出版策劃	新銳文創
發 行 人	宋政坤
法律顧問	毛國樑　律師
製作發行	秀威資訊科技股份有限公司 114 台北市內湖區瑞光路76巷65號1樓 電話：+886-2-2796-3638　傳真：+886-2-2796-1377 服務信箱：service@showwe.com.tw http://www.showwe.com.tw
郵政劃撥	19563868　戶名：秀威資訊科技股份有限公司
展售門市	國家書店【松江門市】 104 台北市中山區松江路209號1樓 電話：+886-2-2518-0207　傳真：+886-2-2518-0778
網路訂購	秀威網路書店：https://store.showwe.tw 國家網路書店：https://www.govbooks.com.tw

出版日期	2018年9月　BOD一版
定　　價	390元

國家圖書館出版品預行編目

中共情報組織與間諜活動 / 翁衍慶著. -- 一版. -- 臺北
市 : 新銳文創, 2018.09
面； 公分
BOD版
ISBN 978-957-8924-23-9(平裝)

1. 情報組織 2. 中國大陸研究

599.732 107009513

讀者回函卡

感謝您購買本書，為提升服務品質，請填妥以下資料，將讀者回函卡直接寄回或傳真本公司，收到您的寶貴意見後，我們會收藏記錄及檢討，謝謝！如您需要了解本公司最新出版書目、購書優惠或企劃活動，歡迎您上網查詢或下載相關資料：http:// www.showwe.com.tw

您購買的書名：____________________

出生日期：______年______月______日

學歷：□高中（含）以下　□大專　□研究所（含）以上

職業：□製造業　□金融業　□資訊業　□軍警　□傳播業　□自由業
□服務業　□公務員　□教職　□學生　□家管　□其它______

購書地點：□網路書店　□實體書店　□書展　□郵購　□贈閱　□其他

您從何得知本書的消息？

□網路書店　□實體書店　□網路搜尋　□電子報　□書訊　□雜誌
□傳播媒體　□親友推薦　□網站推薦　□部落格　□其他______

您對本書的評價：（請填代號　1.非常滿意　2.滿意　3.尚可　4.再改進）

封面設計____　版面編排____　內容____　文／譯筆____　價格____

讀完書後您覺得：

□很有收穫　□有收穫　□收穫不多　□沒收穫

對我們的建議：____________________

____

____

____

請貼
郵票

11466
台北市內湖區瑞光路 76 巷 65 號 1 樓
秀威資訊科技股份有限公司 收
BOD 數位出版事業部

....

（請沿線對折寄回，謝謝！）

姓　　名：________________　年齡：______　性別：□女　□男

郵遞區號：□□□□□

地　　址：________________________________

聯絡電話：(日)________________ (夜)________________

E-mail：________________________________